科学文化经典译丛

葡萄牙科学史

从中世纪大学到加入欧盟

HISTÓRIA DA CIÊNCIA EM PORTUGAL

DA UNIVERSIDADE MEDIEVAL À ENTRADA NA UNIÃO EUROPEIA,
PASSANDO PELOS DESCOBRIMENTOS E PELO ILUMINISMO

[葡]卡尔洛斯·菲奥利艾斯　著

游雨频　译

中国科学技术出版社

·北京·

图书在版编目（CIP）数据

葡萄牙科学史：从中世纪大学到加入欧盟 /（葡）
卡尔洛斯·菲奥利艾斯著；游雨频译 . —北京：中国
科学技术出版社，2023.5
（科学文化经典译丛）
ISBN 978-7-5236-0088-7

Ⅰ. ①葡… Ⅱ. ①卡… ②游… Ⅲ. ①自然科学史—
葡萄牙 Ⅳ. ① N095.52

中国国家版本馆 CIP 数据核字（2023）第 037682 号

História da Ciência em Portugal © Carlos Fiolhais, 2014 Licensed arranged through Gradiva Portugal
via Copyright Agency of China Ltd.

北京市版权局著作权合同登记 图字：01-2022-4643

总 策 划	秦德继	
策划编辑	周少敏 李惠兴 郭秋霞	
责任编辑	郭秋霞 李惠兴	
封面设计	中文天地	
正文设计	中文天地	
责任校对	焦 宁	
责任印制	马宇晨	

出 版	中国科学技术出版社
发 行	中国科学技术出版社有限公司发行部
地 址	北京市海淀区中关村南大街 16 号
邮 编	100081
发行电话	010-62173865
传 真	010-62173081
网 址	http://www.cspbooks.com.cn

开 本	710mm×1000mm 1/16
字 数	226 千字
印 张	17
版 次	2023 年 5 月第 1 版
印 次	2023 年 5 月第 1 次印刷
印 刷	河北鑫兆源印刷有限公司
书 号	ISBN 978-7-5236-0088-7 / N·307
定 价	98.00 元

前　言

2012 年至 2013 年，我曾在英格列斯百货里斯本门店的文化空间开过一门课，每年一期，每期六节课。这本《葡萄牙科学史》便是在该课程的基础上创作而成的。从某种程度上来讲，本书是《葡萄牙简明科学史》（*Breve História da Ciência em Portugal*）一书的延伸，那本书由我与我的科英布拉大学（Universidadede Coimbra）同事、科学史学家德西奥·鲁伊沃·马尔丁斯（Décio Ruivo Martins）合作撰写，由科英布拉大学出版社和格拉迪瓦出版社（Gradiva）于 2010 年出版。本书内容对某些我更加熟悉的学科和课题稍有侧重，例如数学、物理学和化学，望诸位读者见谅。至于葡萄牙自然科学、医学和药学的发展史，相信日后定有佳作涌现，对其进行更加翔实的阐述。葡萄牙的技术史（或称作工程史），虽然也与科学有关，但那又是另一个课题了，目前也已经有了一些这方面的著作。

本书的定位依然是一部科普类读物，而非学术著作，但比起《葡萄牙简明科学史》来说，本书的内容更加完善。书中不仅对史实进行描述，更对其原因加以阐释。导论部分梳理了几个世纪以来跌宕起伏的葡萄牙科学史，并简述了各个时期变化的原因。同时，本书配有插图。正如一句中国谚语所言："百闻不如一见。"为便于读者查阅参考，本书的末尾附有纪年表和科学家简介，包括葡萄牙科学家以及曾经在葡工作的别国科学家。

附录中的科学家简介有何用处？其中列出了一百多位葡萄牙科学家的姓

名，他们都是本书所述的葡萄牙科学五百年发展历程中至关重要的人物。虽然我知道，一部讲述葡萄牙或其他国家科学史的著作，可以不关注科学家的生平，而更多地去介绍机构组织，阐述社会文化环境，但我认为，相比作家和艺术家，科学家的知名度还不够高，因此，对他们进行简要介绍还是很有必要的。当然，我们依然缺少一部更为详尽的科学家传记大辞典，而这样的简要介绍显然无法将其取代。我只能凭借自己的主观标准，在各个领域选择近50位最重要的科学家，参考网络资源为他们每一位都撰写了一份简短的生平简介。

我要感谢德西奥，我从他的著作中和他本人那里获益良多，特别是有关18—19世纪科英布拉大学校史的知识。我要感谢安东尼奥·若泽·莱昂纳尔多（António José Leonardo），他是一名刚刚毕业的科学史博士，论文主题便是19—20世纪的科英布拉研究所（Instituto de Coimbra）。安东尼奥非常热心地阅读了本书，并为我指出了一些错误。我也非常感谢我在英格列斯百货的"学生"，很多时候，他们比我知道得还要多，因此我得以从他们那里学到了很多东西。他们是教师心中的理想型学生，令我由衷赞叹！我要感谢"英格列斯百货大学"的"校长"苏扎娜·桑托斯（Susana Santos），谢谢她邀请我去讲授这门课程。我要感谢若昂·保罗·科特林（João Paulo Cotrim）对这本书的关注和关心，以及他在漫长等待中的耐心。我要感谢我的编辑吉列尔梅·瓦伦特（Guilherme Valente）同意将本书纳入"摩天大楼"丛书（Arranha Céus）。我要感谢科英布拉大学总图书馆的馆员若泽·马特乌斯（José Mateus）和卢伊扎·马沙多（Luísa Machado），在他们七年的指引下，我对葡萄牙科学史的兴趣日益浓厚，他们在我寻找和准备书中配图时提供的种种帮助也为本书增色不少。最后，我要感谢我在图书馆的继任者若泽·奥古斯托·贝尔纳尔德斯（José Augusto Bernardes）授权我发表这些配图。

目　录

导　论

科学在葡萄牙亘古有之。只不过在这个欧洲大陆最西端的国度，几乎没有自己创造的科学。在历史上的大部分时期，葡萄牙的科学都是自遥远的异邦习得的，即科学在他处诞生，后来才传至此处。地理上偏居一隅，疆界上四处受限，物质上资源匮乏，文盲率居高不下，以上种种或可解释葡萄牙的科学发展缘何如此迟缓——而科学的落后亦在很大程度上象征了经济与社会的落后。

葡萄牙科学史大约始于五个世纪前，其间见证过辉煌，也经历过黑暗。在三个主要辉煌阶段之间，横亘着的却是漫长的黑暗。也正因如此，哪怕在这些辉煌时期曾有过昙花般的灿烂，我们也不能自欺欺人地否认，葡萄牙的科学在大部分时期，都宛若死水一潭。

葡萄牙科学的鼎盛时期当在 15 世纪末至 16 世纪上半叶，即曼努埃尔一世（D. Manuel Ⅰ）和若昂三世（D. João Ⅲ）统治时期。彼时正值葡萄牙大航海时代的开端，同时也是第一次科学革命的前夕。事实上，1543年有两部科学巨著接连问世——波兰天文学家尼古拉·哥白尼（Nicolau Copérnico）的《天体运行论》以及比利时解剖学家安德雷亚斯·维萨里（André Vesálio）的《人体的构造》。不少学者将它们视作第一次科学革命的肇端。在欧洲启蒙运动如火如荼的 18 世纪，在若昂五世（D. João V）与若泽一世（D. José）的统治下，葡萄牙科学再次经历了一段短暂而又辉煌的时期，其高潮当数 1772 年彭巴尔侯爵推行的科英布拉大学改革（Reforma Pombalina）。以葡萄牙 1986 年加入欧盟为契机，葡萄牙科学迎来了最近一次的爆炸式飞跃，科研人员、项目和实验室的数量均得以成倍增加。

在三段光辉时期之间，横亘着数个黑暗年代。最初的黑暗始于中世纪的长夜，直至现代科学的诞生才告终结。第二次黑暗是在 16 世纪末、17 世纪初的伊比利亚联盟（União Ibérica）时期。不过在此期间，里斯本著名的耶稣会学校圣安多尼学院仍坚持开设"地球课堂"（Aula da Esfera），无疑为葡萄牙科学的这一黑暗年代平添了难得的亮色。随着 19 世纪初法国的入侵，葡萄牙的科学发展进入了第三个黑暗期。葡萄牙在持续不断的危机下不得不改行君主立宪制，后来又随着 19 世纪末公共财政的破产，进一步深陷泥潭。最后一个黑暗时期发生在 20 世纪中叶，在"新国家"政权（Estado Novo）统治下的 40 年里，科学显然算不上当权者的"座上宾"。诚然，在 20 世纪初，第一共和国政府曾为推动葡萄牙科学与教育的发展煞费苦心，并曾制定一系列强力的改革举措，然而事与愿违，这些愿景最终未能实现。

下面让我们来仔细了解葡萄牙科学发展史上三个辉煌时期的主要特点，并逐一分析黑暗时期科学停滞不前的原因。

葡萄牙科学的发展始于中世纪时期。在这一时期，大学在葡萄牙诞生并延续至今。此外，在第一次文艺复兴的背景下，佩德罗·伊斯帕诺（Pedro Hispano），迄今为止唯一的一位葡萄牙籍教皇，凭借他在巴黎大学（一说蒙彼利埃大学）进修以及在锡耶纳大学任教的经历，在逻辑学和数学领域发表了重要著作。尽管如此，中世纪的葡萄牙科学尚处于蒙昧状态。如前所述，葡萄牙科学最长久的辉煌发生在 15 世纪末至 16 世纪上半叶。如果葡萄牙历史能够在世界历史这本大书中占据一页之地，那么这段时期的葡萄牙科学也同样应当在世界科学史中占到一页——即便它没有得到应有的重视，须知在那个年代，葡萄牙的科学才是世界的中心。彼时的葡萄牙可谓尽得天时地利。虽然海上扩张以及新大陆、新物种和新种族的发现并非个人之功，但此处仍有必要提一提几位对推动当时葡萄牙科学发展进入"黄金期"居功至伟的人物。首先是数学家佩德罗·努内斯（Pedro Nunes），他在西班牙萨拉曼卡学医有成后，赴里斯本与科英布拉的大学任教。随后是两位医生，加尔西亚·德·奥尔塔（Garcia de Orta）和阿马托·卢西塔诺（Amato Lusitano），前者是努内斯在萨拉曼卡和里斯本的同学兼同事，后赴印度并在当地辞世，后者的职业生涯则大半在国外（主要在意大利）度过，并终老于奥斯曼帝国。还有物理学家若昂·德·卡斯特罗（D. João de Castro），他是努内斯的学生，也是杰出的政治家，后来成了印度总督。以上众人皆是与哥白尼和维萨里同时代的人物。当时葡萄牙科学蓬勃发展，伴随着地理大发现中葡萄牙帝国对新世界经验知识的积累，实际上可算作由哥白尼和维萨里所发起的科学革命的前奏。耐人寻味的是，科学革命的几位领军人物，无论是意大利物理学家伽利略·伽利莱（Galileu Galilei），还是英国物理学家艾萨克·牛顿（Isaac Newton），或是英国医生威廉·哈维（William Harvey），都和努内斯一样是学医出身。

尽管葡萄牙科学史上的确未曾出现过类似哥白尼、伽利略、牛顿或哈维这样举世闻名的人物，然而努内斯也足以被称为世界级的科学家，哪怕他尚未在国际科学史学中得到应有的重视。假使努内斯能像伽利略后来那样，认识到哥白尼书中所述"世界体系"这一全新理念的重要意义，那么他理应声名卓著。

16 世纪末至 17 世纪初，在西班牙的统治下，葡萄牙帝国一蹶不振，大半财富都被各个新兴强国（如荷兰）瓜分殆尽。不过，即便是在这样一个连国家主权都被抹杀的至暗年代，在里斯本"地球课堂"工作的耶稣会士们（其中许多来自国外）依然恪尽职守，将作为哥白尼学说"使徒"的伽利略的科学成果引入葡萄牙，又将新兴科学传向远东，也就是中国和日本。在圣依纳爵·罗耀拉（Santo Inácio de Loyola）耶稣会的七名创始成员中，便有一名葡萄牙人。正因如此，当然也主要是为了更好地在东方传讲福音，葡萄牙成为世界上最早建立耶稣会学院的国家之一。例如科英布拉的耶稣学院和艺术学院，里斯本的圣安唐学院，上文提到的"地球课堂"正是开设在这里，还有埃武拉的圣灵学院，这里是整整两个世纪间一所耶稣会大学的总部所在地。也正是由于耶稣会士的活动，望远镜得以在17世纪之初便传入葡萄牙，彼时伽利略也不过是刚刚开始用上望远镜。随后不久，望远镜又传到中国和日本。拥有先进科学知识的耶稣会士掌管着中国清朝朝廷下设的天文机构，即钦天监（Tribunal das Matemáticas）。耶稣会士也同样将科学传到了巴西，尽管巴西的本土文明还没有发展到可以进行文化交流的地步。当时，全世界驶向中国澳门、日本长崎和巴西萨尔瓦多这些城市港口的船只，基本都是从里斯本出发的。因此可以认为，葡萄牙在科学的全球化进程中发挥了重要作用。

18世纪，随着科学家网络的逐步建立，科学全球化得到了进一步扩展。伦敦皇家学会（Real Sociedade）、法国科学院或普鲁士科学院等科学协会将科学家们召集了起来。尽管数量很少，但也的确有葡萄牙科学家成了这些国际组织的成员，并且对这一时期葡萄牙的科学发展起到了至关重要的作用。由于种种原因，这些葡萄牙科学家的大半生都在国外度过，于是他们被称为"侨居者（estrangeirados）"。因此不难理解，葡萄牙科学在启蒙运动期间迎来了第二次辉煌，尽管它要比第一个辉煌时期短暂一些。人们普遍认为，第二次辉煌时期始于1728年若昂尼娜图书馆（Biblioteca

Joanina）的建成，在 1772 年彭巴尔侯爵（Marquês de Pombal）颁布科英布拉大学新章程时达到顶峰。彭巴尔改革最终结束了耶稣会的统治，使得牛顿学说得以进入科英布拉大学的课堂。其实，在几十年前便已经有宗教人士开始传授牛顿学说，比如圣讲者（oratorianos），甚至也有部分耶稣会士。"侨居者"也间接推动了彭巴尔改革，例如犹太医生安东尼奥·里贝罗·桑谢斯（António Ribeiro Sanches）和雅各布·德·卡斯特罗·萨尔门托（Jacob de Castro Sarmento）（二人均是为了逃避宗教迫害而被迫流亡欧洲的）以及物理学家特奥多罗·德·阿尔梅达（Teodoro de Almeida）和若昂·雅辛托·德·马卡良斯（João Jacinto de Magalhães）（二人均是流亡的神职人员，前者是圣讲者，流亡于西班牙和法国；后者是圣十字会修士，流亡于法国和英国），他们致力于发展新物理学，并制造出用来展示科学原理的机器。另一些科学家则在科英布拉大学任教，直接促成了这项改革，例如两位葡萄牙数学家若泽·蒙泰罗·达·罗沙（José Monteiro Da Rocha，他是一名脱离耶稣会还俗的牧师）和若泽·阿纳斯塔西奥·达·库尼亚（José Anastácio da Cunha），意大利物理学家乔瓦尼·德·达拉·贝拉（Giovanni de Dalla Bella），以及意大利化学家和博物学家多梅尼科·范德利（Domenico Vandelli）。他们在此之前也曾受彭巴尔侯爵召请，赴里斯本皇家贵族学院（Colégio dos Nobres）任教，尽管这项贵族教育计划最终告吹。既然存在侨居国外的葡萄牙人，亦有定居葡萄牙的外国人。所以，此处同样有必要介绍一下启蒙运动期间在葡萄牙进修的巴西科学家。其中最著名的当数科英布拉大学的冶金学教授若泽·博尼法西奥·德·安德拉达－席尔瓦（José Bonifácio de Andrada e Silva），他被后世誉为"巴西独立之父"。

19 世纪，科学在全世界范围内都取得了非凡的进步。物理学界见证了热力学和电磁学的兴起，它们分别催生了两次工业革命热潮，即蒸汽革命（始于 18 世纪）和电气革命。化学界迎来了分析化学和有机化学的时代。

生物学和地质学界（当时叫作博物学）由极具生命力、体系完备的达尔文学说主导，热衷于研究地球及其地质历史。医学和药学界开始广泛运用基于物理学、化学和生物学的实验研究法，促进了生理学、组织学、细菌学的发展，并在防治一些重病和流行病方面取得了卓越的成果。哲学界则成了实证主义和进步主义的天下。然而，当时的葡萄牙科学虽然取得了一定的进步，但更多只是表现在对先进知识的接受上，而不是创造。

随着法国的入侵以及随之而来的政治巨变和社会动荡（自由革命、巴西的独立、立宪派和专制派之间爆发的内战），葡萄牙科学再次衰落。19世纪葡萄牙有少数几位获得国际认可的科学家，包括：植物学家费利克斯·阿韦拉尔·布罗泰罗（Félix Avelar Brotero），任科英布拉大学教授；数学家弗朗西斯科·戈梅斯·泰谢拉（Francisco Gomes Teixeira），任波尔图理工学院教授，后来该学院成为波尔图大学（戈梅斯·泰谢拉担任其第一任校长）。第一共和国的主要领袖认识到了科学的重要性，于1911年在波尔图和里斯本建起了两所新的大学，并在里斯本建立高等理工学院（Instituto Superior Técnico，继19世纪建成的多所理工学校之后，此举彻底打破了科英布拉大学的垄断地位）。然而第一共和国终究是昙花一现，只存在了短短的16年。20世纪上半叶，科英布拉大学兼里斯本大学教授安东尼奥·埃加斯·莫尼兹（António Egas Moniz）以及波尔图大学教授阿贝尔·萨拉查（Abel Salazar），这两位医生是当时葡萄牙最有成就的科学家，但却也和其他许多教授及学者一样，饱受"新国家"政权迫害。在这段黑暗时期，多名教师在两次清剿行动中被解雇，一些人甚至因为他们的政治立场而被迫流亡海外，这种情形与宗教裁判所（Inquisição）的时代如出一辙。另一方面，政府也未能重用那些在第二次世界大战时期因遭到纳粹迫害而逃至葡萄牙寻求庇护的别国科学家（主要是犹太裔科学家），致使葡萄牙科学发展错失了天赐的良机。

20世纪是由诺贝尔奖定义的科学时代，科学高速发展，令人眼花缭乱。

然而，在科学领域只有一位葡萄牙人获得了诺贝尔奖——埃加斯·莫尼兹，并且他也是所有葡萄牙语国家中仅有的一位。太少了吗？的确。不过，要知道在西班牙，一个有着五倍于葡萄牙人口的国家，也就只出了一位诺贝尔奖获得者，而且恰好是在同一领域（医学）和同一学科（神经病学）：他就是圣地亚哥·拉蒙－卡哈尔（Santiago Ramon y Cajal），与埃加斯·莫尼兹生于同一时代。西班牙的科学名人中其实还包括塞维拉·奥乔亚医生（Severa Ochoa），原籍西班牙，但他的主要科学工作是在美国进行的，因而获得了美国国籍。而最大的葡萄牙语国家巴西，在诺贝尔科学奖领域仍然是一无所获。不过说实话，当时的葡萄牙也很难再出现更多的诺贝尔奖获得者，因为国际科学期刊引文数据库的查阅结果显示，葡萄牙在 20 世纪前四分之三个世纪中的科学研究十分落后。当时葡萄牙的科学与世界脱轨，其中一个例子便是：爱因斯坦因在 1921 年获得诺贝尔奖而举世闻名，但是当他 1925 年由里斯本中转去往巴西时，葡萄牙却完全没有人认出他来。

1974 年"康乃馨革命"①之后，葡萄牙科学终于实现了爆发式的发展，随后葡萄牙在 1986 年加入欧盟，并将所获资金用于推动科技发展。特别是 1995 年葡萄牙科技部的成立，使得葡萄牙科学发展的浪潮更为猛烈。但要想写好葡萄牙科学的第三段光辉篇章，显然还为时尚早。

为什么葡萄牙科学没能得到发展？这个问题又引出了另一个问题：为什么葡萄牙没能像其他欧洲国家一样取得那么大的发展？事实上，19—20 世纪的世界发展是建立在工业革命基础之上的，而工业革命又是建立在科学革命基础之上的。安特罗·德·肯塔尔（Antero de Quental）在《伊比利亚民族衰落的原因》（*Causas da Decadência dos Povos Peninsulares*）一书中谈及了伊比利亚民族的落后。他写道："在过去的两个世纪中，整个伊比利亚半岛竟没有诞生哪怕一个能够跻身于现代科学缔造者之列的伟人。"他

① "康乃馨革命"又称"四二五革命"，是葡萄牙首都里斯本于 1974 年 4 月 25 日发生的一次军事政变。在政变期间，军人以手持康乃馨来代替步枪，"康乃馨革命"便由此而来。

认为，落后的主要原因有耶稣会发起的反宗教改革运动、君主专制主义，以及基于地理大发现的经济发展模式。在宗教方面，虽然由新教统治的中欧和北欧国家的确比西欧和南欧国家发展得更快，但同样可以确定的是，科学革命始于天主教国家如意大利和波兰，在这些国家蓬勃发展，并进一步蔓延到其他由天主教占主导地位的国家如法国和奥地利，或是罗马天主教会势力分布广泛的国家如德国。上述所有国家的发展都是与新教国家齐头并进的。另一方面，不仅仅是葡萄牙，其他许多欧洲国家的君主制也都或多或少地带有专制色彩。此外，葡萄牙这种基于海上扩张的经济发展模式也曾为荷兰等其他国家所采用。

那么，制约葡萄牙科学发展的主要因素到底是什么呢？

边缘国家

正如卡蒙斯（Luís de Camões）在《卢济塔尼亚人之歌》（Os Lusíadas）中所述，"就在这欧罗巴之首的前额，卢济塔尼亚王国岿然屹立"[1]，葡萄牙"欧洲之首"的地理位置很大程度上奠定了葡萄牙人在第一次全球化进程中的主导地位。然而，科学革命却更多地发生在欧洲内陆：从17世纪的意大利蔓延到欧洲大陆的北部，从一个天主教国家扩散到许多个新教国家。伽利略在软禁期间撰写、后被宗教裁判所禁止发行的封笔之作《关于两门新科学的对话》（Discursos e Demonstrações Matemáticas sobre Duas Novas Ciências）在意大利秘密问世，并由爱思唯尔出版社出版于荷兰。在伽利略逝世的同年（或者说几乎同年，这取决于采用儒略历或是格里高利历），牛顿诞生了，他便是"用数学描述世界"的伽利略思想最伟大的继承者。

---

[1] 此处译文引自葡萄牙诗人路易斯·德·卡蒙斯的著作《卢济塔尼亚人之歌》。张维民译，四川文艺出版社，2020年，第128页。——译者注

在 18 世纪，伽利略和牛顿的数学化思想大获成功，成为理性时代的顶梁柱。当时欧洲主要国家的首都均建立起了科学协会（罗马、佛罗伦萨和伦敦早已有之），然而这一建制直至 18 世纪末才传到里斯本。葡萄牙与欧洲各国间的交通也十分不便，因此，葡萄牙仅仅安于守住帝国的疆土（能将被荷兰占领的殖民地巴西抢夺回来，对于当时的葡萄牙来说已然是一个"奇迹"），几乎被完全孤立于旧大陆的边缘。只有少数有权有势、思想开明的葡萄牙人会去往欧洲各国，了解欧洲的最新发展动态。许多跻身于欧洲各国科学协会的葡萄牙科学家们亦与这些人保持着联系，但也只能依靠邮寄缓慢的信件。不过，在彭巴尔侯爵的斡旋之下，葡萄牙最终接触到了欧洲的先进思想。他本人曾作为葡萄牙王室代表走访过维也纳和伦敦，还被伦敦皇家学会授予会员资格。然而，19 世纪末的安特罗·德·肯塔尔则非常清醒，一针见血地揭露了葡萄牙在过去两个世纪中的落后地位。当时，铁路和电报均已在欧洲普及，但这样的通信运输方式几乎是单向的：葡萄牙基本只能作为从欧洲各国发出的火车与电报的接收地。

在 20 世纪的几十年间，葡萄牙被继续孤立于欧洲边缘，就连第二次世界大战后欧洲经济共同体成立时也是如此，葡萄牙未能成为共同体的创始国。葡萄牙直到 1974 年才重新开放国门，葡萄牙帝国终告解体，各殖民地国家宣布独立。随后在 1986 年，葡萄牙于热罗尼莫斯修道院（Mosteiro dos Jerónimos）签字加入欧共体，也就是如今的欧盟。

自由受限

另外，除了地理上的与世隔绝，自由受限也是制约葡萄牙发展的因素之一。科学需要自由，需要思考的自由、实验的自由、往来的自由。葡萄牙科学的几个辉煌时期均是建立在人员能够自由往来的基础之上的，只有自由的人际交流才能带来思想与行动上的交流。

在 16 世纪，这种交流的主要表现形式是地理大发现中各殖民公司对海外财富的发掘——尽管如此，也有一些人文主义者往来于欧洲各国，例如达米昂·德·戈伊斯（Damião de Góis）。佩德罗·努内斯实际上从未出过海，但这位数学家作为王国首席宇宙学家，负责签发领航员（piloto）执照。他将作为大学教师的授课职责与为王国输送领航员人才的使命成功地结合在了一起。与努内斯相反，同样作为新基督徒的加尔西亚·德·奥尔塔，选择远赴印度开启职业生涯。若昂·德·卡斯特罗则在进行了两次洲际航行并测量了地球磁场之后，选择在印度定居。在之前介绍过的几位16 世纪著名人物中，阿马托·卢西塔诺是唯一一个与航海没有直接关系的，不过他的确直接接触并研究了来自东方的植物品种，并成功将其运用于西方医学：他是一个漂泊于欧洲（大部分时间在意大利）的犹太人，从未返回自己的祖国。值得注意的是，在这四位 16 世纪最伟大的葡萄牙科学家之中，只有若昂·德·卡斯特罗不是犹太裔。葡萄牙对犹太人的迫害始于 1506 年曼努埃尔一世时期的里斯本大屠杀，又在 1536 年若昂三世时期宗教裁判所建成之后变本加厉。很显然，对犹太人的围猎根本不利于科学在葡萄牙的发展，而且最糟糕的是，宗教裁判所直到 1821 年才从葡萄牙消失。努内斯和奥尔塔生前幸免于宗教裁判所的诘难，但努内斯的家人却在他去世后遭了殃（他的两个孙子被长期监禁并饱受折磨），奥尔塔则在受到信仰审判（auto-de-fé）后被处以"焚尸示众"（*post mortem*）之刑，他的尸骨被挖出来并焚烧示众，对于今天的我们来说，这是一种非常奇怪的刑罚。

在伊比利亚联盟时期，宗教裁判所的迫害行动更加横行跋扈，甚至将科英布拉的一名教义讲师安东尼奥·奥门（António Homem）烧死在火刑柱上，严重阻碍了思想的自由讨论。成立于 1534 年的耶稣会（Companhia de Jesus）之所以得以长久延续，很大程度上归功于它的网络式架构，这样的架构维系起一个既牢不可破又具有可塑性的组织。虽然它是个宗教组织而不是经济组织，但它完全可以被视作第一个具有跨国性质的组织。耶稣会士一直对知识持开放态度，并积极参与知识的传播，鼓励遍布世界各地的耶稣会学院之间的学生与教师的流动，从而促进了思想和行动上的交流。

启蒙运动时期，在欧洲以及 1776 年宣布独立的美国，现代科学取得全面胜利。当时的人们认识到，与其用武力征服世界，不如用智慧了解世界。正如英国哲学家弗朗西斯·培根（Francis Bacon）所说："知识就是力量。"然而在葡萄牙，启蒙运动却十分滞后，而且并不是自发开始的。直到 18 世纪，伽利略和牛顿的物理学新思想才最终在葡萄牙生根。一方面，耶稣会士在与东方交流时成就斐然；而另一方面，正因为耶稣会学院的教育未能与时俱进，所以科学新思想在传入葡萄牙时阻碍重重。必须承认，这种滞后也有明显的例外。若昂五世从意大利召来一位耶稣会士若昂·卡尔博内神父（João Carbone），命他掌管在王城中建起的天文台。王城以及珍贵的天文仪器都在 1755 年的里斯本大地震中被毁掉了。正是这场无人预见的大灾难宣告了耶稣会士的命运，他们被彭巴尔侯爵下令抓捕并逐出葡萄牙。彭巴尔侯爵在若泽一世病弱之时揽下大权，负责处理大地震之后的相关事务。英国历史学家肯尼斯·麦克斯韦（Kenneth Maxwell）将彭巴尔侯爵恰到好处地形容为一位"矛盾的启蒙运动者"：一方面，他在科英布拉大学设立了实验教学课堂，使用最先进的教学方法，又从国外（即意大利）请来了讲师（其实这些讲师是被请到首都来为贵族授课的，却参与了科英布拉大学的重建工作）；另一方面，彭巴尔侯爵关停耶稣会中学网络、迫害圣讲者等做法也严重破坏了科学教学。当时圣讲者在科学思想上比耶稣会士更加先进，因为他们传播的是基于实验的哲学，不再局限于古老的亚里士多德学说。一些对科学前沿了如指掌的圣讲者被迫流亡海外，如若昂·舍瓦利埃神父（João Chevalier）和特奥多罗·德·阿尔梅达神父（Teodoro de Almeida）（他们和卡尔博内神父一样，都是伦敦皇家学会会员），前者至死都未能重返祖国。侯爵在科英布拉建设的实验教学课堂，包括物理和化学实验室以及博物学实验室等，并不比二十年前圣讲会在里斯本的内塞西达迪什之家（Casa das Necessidades，今天的葡萄牙外交部所在地）所建设得更加先进。同时，犹太人依然是宗教裁判所的迫害对象：里贝罗·桑谢斯和卡斯特罗·萨尔门托被迫离开葡萄牙，前者辗转于荷兰、俄罗斯和法国，后者先后定居英国和法国，二人再也没能重归祖国。因此，比起宗教信仰带来的积极作用，宗教组织排除异端的所作所为更加可怖，严重阻碍了葡萄牙科学的蓬勃发展。除了对犹太人一以贯之的迫害之外，还有彭巴尔侯爵先后对耶稣会和圣讲会实施的毁灭性打击。但与此同时，强大的中央政权又有着开明的发展思想，不仅与部分"侨居者"保持着良好交流，而且还邀请一众外国科学家来葡工作。如此一来，葡萄牙科学发展在这一进一退中取得了某种平衡。

最后，再来看看如今的葡萄牙，如果不是因为 20 世纪末葡萄牙人非同寻常的国际化努力，敞开国门，打破孤立已久的边缘状态，便不可能发生第三次葡萄牙科学大爆炸。众多葡萄牙科研人员出国留学，其中大部分人学成后回国效力，同时亦有相当数量的外国科研人员来葡工作。

资金匮乏

还有一个无法回避的问题，那就是资金的匮乏。如果说科学能够创造财富，但与此同时，科学的发展也需要足够的财富支撑。在地理大发现时期，葡萄牙是世界上最富有的国家之一。然而，这种财富是通过征服和掠夺性贸易（香料和其他异域特产、奴隶等）积累起来的，一旦来源枯竭，一旦这种在当时习以为常的掠夺行为开始被口诛笔伐，这笔财富就必然消耗殆尽。直到 18 世纪，葡萄牙都还在用这种方式积累财富，尽管积累速度时有变化。值得一提的是 17—18 世纪在巴西发现的金矿给葡萄牙人带来了大把大把的财富。截至 19 世纪初，葡萄牙仍然是世界上最富有的国家之一，正如美国经济学家戴维·兰德斯（David Landes）在《国富国穷》（*A Riqueza e a Pobreza das Nações*）一书中绘制的世界各国国内生产总值随时间变化的表格①所示：在 1820 年，葡萄牙还是世界上第五富有的国家！继印度香料的传奇之后，世界迎来了巴西的黄金时代。因此，1822 年的巴西独立必然会对葡萄牙经济造成致命性打击。在此之前的 1807 年，由于法军占领里斯本，葡萄牙王室逃往巴西里约热内卢，此举最终成了巴西独立的发端。从若昂五世和若泽一世时期开始从巴西运来无尽财富的黄金航道，自此不复存在。葡萄牙靠征服和掠夺建立起来的霸主地位也随之崩塌。随着两次工业革命的到来（分别以 18 世纪蒸汽机的发明和 19 世纪电动机的发明为标志），北欧和中欧各国先后开始以真正爆发式的速度富强起来，首先是英国，然后是德国和法国。这个时代的财富来自发达的工业，而不是对殖民地的剥削。葡萄牙当然也像其他西方国家一样实现了工业化。不过葡萄牙的工业化不仅起步较晚，而且层次较低。虽然葡萄牙购买了各种新兴技术，例如蒸汽机和电动机，还有火车、电报机、无线电等，但是并没有掌握背后的科学原理。直到 19 世纪下半叶，葡萄牙才开始慢慢意识到一个事实，而且这个事实在 20 世纪更为凸显，那就是：科学是技术之母。

随着新兴通信技术的出现，葡萄牙得以再一次依靠地理优势获利。在 19 世纪末，作为连接欧洲和美洲的电报线路的必经之地，葡萄牙又一次获得了至关重要的地缘战略意义。这是继大航海时代的第一次全球化浪潮之后，世界迎来的第二次全球化运动。一位伟大的英国物理学家开尔文勋爵（Lorde Kelvin）在铺设电报线时途经马德拉群岛。在此逗留期间，他爱上了英国驻丰沙尔领事之女，并最终与她成婚。

20 世纪，随着战后晶体管的问世和世界的信息化，一场新的革命应运

---

① 此书已有中文译本，新华出版社 2010 年出版。——译者注

而生：机器逐渐实现电晶体化。那么葡萄牙呢？葡萄牙已于19世纪末陷入经济崩溃，在第一共和国时期经济岌岌可危，到了"新国家"政权建立前夕几近破产，在这个独裁政府治下也依然一贫如洗。即便当时在葡萄牙偶有工业化萌芽，也未能有坚实的科学土壤供其生长。"新国家"独裁者萨拉查只顾平衡财政预算和镇压殖民地独立运动，丝毫没有意识到科学的价值及其对经济与社会发展的巨大作用。第二次世界大战后，葡萄牙虽能免于战火之苦，却没能预见到科学可以为崇尚科学的国家带来多么巨大的发展动力。

1974年专制帝国崩塌之后，葡萄牙终于转向了欧洲。此举为葡萄牙打开了新的富强之路，也的确带来了一些实质性的进步，尽管这种进步比预期的要小。继印度的香料和巴西的黄金之后，这一次的财富来自欧洲。尽管在已有投资的可持续性方面仍有争议，但促进科学发展的那一小部分投资必然物超所值。

文盲率高

戴维·兰德斯在《国富国穷》中还特别提到了高文盲率与经济落后的强关联性，指出南欧国家发展滞后的主要原因就是文化赤字。在他看来，葡萄牙的文盲率与其他发达国家相比异常地高："例如，在1900年前后，英国只有3%的人口是文盲，而意大利的文盲率则达48%，西班牙达56%，葡萄牙达78%。"事实上，葡萄牙的学校教育在19—20世纪都没有得到充分的发展，教育普及化程度的滞后很大程度上造成了教育赤字。在19世纪末，仅有1%的葡萄牙人上过学，这个数字与北欧国家形成了鲜明的对比。这就是为什么葡萄牙的国内生产总值虽然有所增长，增速却远不及其他欧洲国家。而在20世纪，当其他欧洲国家（如英国、荷兰和西班牙）已经放弃海外殖民地，转而与新兴国家保持密切交往的时候，葡萄牙却依然沉湎于帝国的旧梦。这个时代的财富积累不再以自然资源的开发为重点，而是来源于对大自然的认知，即科学知识。然而，除了极少数可喜的例外，20世纪的葡萄牙仍像在19世纪一样，只知道从国外购买别人生产的科技产品，却不知这些产品正是别人通过解答大自然的谜题所获得的科学知识转化而来的。

第一共和国政府曾制定多项发展教育和科学的计划，但遗憾的是，该政府未能来得及将这些计划付诸实践。不过，新的高等教育机构的建设计划得以实行，有的大学如里斯本大学和波尔图大学依托原有教育机构为前身，也有的大学如里斯本高等理工学院不以原有机构为基础，而由一位犹太裔的矿物学家阿尔弗雷多·本萨乌德（Alfredo Bensaúde）四处聘用外国讲师，参照德国理工学院的模式从零建设起来。两次世界大战的间隙成为了世界科学和技术高速稳定发展的时期。要知道，如果没有在20世纪初开始发展起来的量子理论，晶体管就不会被研发出来。在此期间成立的葡萄牙国家教育委员会则为一些出国留学的青年学者设立了奖学金，同时也为外国学者留学葡萄牙提供了便利。

直到20世纪70年代，经过所谓的维加·西芒改革（reforma Veiga Simão）之后，葡萄牙的教育普及化程度才有了飞跃性的提高，又在1974年后随着中等教育和高等教育规模的大幅增长而进一步提升。在这一时期，全国各地涌现出许多新的大学，如阿威罗大学、米尼奥大学、埃武拉大学和里斯本新大学等，其中一些大学还聘用了来自前殖民地的教师。尤其从80年代开始，一大批葡萄牙博士从国内外高校毕业，而且有越来越多的学生选择在葡萄牙国内攻读博士。尽管近年来葡萄牙的各级教育发展，尤其是中高等教育取得了非凡的进步，但是时至今日，葡萄牙的文盲率仍然高于欧盟国家的普遍水平。而且，最糟糕的是，葡萄牙仍有将近一半的经济活动人口没有受过中、高等教育。

第 1 章
从中世纪大学到地理大发现

中世纪早期的教育都是在修道院学校中进行的。例如，在 12 世纪，科英布拉的圣克鲁斯修道院（Mosteiro de Santa Cruz）就已经开始教授医学，而神学、教义（法）和语法学等方面的研究则相对落后。在桑乔一世（D. Sancho I）时期，圣克鲁斯修道院的一些修士被派往巴黎修习神学。其中一位名叫门多·迪亚斯（Mendo Dias）的修士还修习了医学，后来回到葡萄牙圣克鲁斯教授医学。但是，直到 1290 年迪尼斯一世（D. Dinis）在里斯本创建葡萄牙大学（后于 1308 年迁至科英布拉）之后，葡萄牙人才开始有组织地进行医学研究。

大学无疑是在中世纪建立起来的最重要的机构。在九百多年后的今天，大学仍然并且仍将继续被全人类视作开展高等教育，创造新的知识，促进各个城市、地区及国家的社会经济和文化发展所不可或缺的机构。世界上最古老的大学是意大利博洛尼亚大学（如若抛开印度和阿拉伯世界的学校不谈的话）诞生于 1088 年（见表 1），被誉为"大学之母"（Alma Mater Studiorum）。此后，又有几所学校在教会的主导下相继建立起来：11 世纪的英国牛津大学，以及 12 世纪的法国巴黎大学和意大利摩德纳大学。不过，直到 13 世纪，大学的数量才开始大幅增加了十几所，其中就有始建于里斯本的科英布拉大学（图 1），其他大学中有 5 所在意大利，4 所在西班牙，这表明大学运动在南欧势头强劲。大学与教会的密切联系，可由神学院最受重视这一事实证明。除此之外，还设有教义院、法学院和医学院等。医学院就是最初唯一的科学院系。彼时，对"七艺"的研习优先于所有其他学科。

表 1　世界第一批大学

1. 博洛尼亚大学（1088 年），意大利	9. 那不勒斯腓特烈二世大学（1224 年），意大利
2. 牛津大学（约 1096 年），英国	10. 图卢兹大学（1229 年），法国
3. 巴黎大学（1170 年），法国	11. 锡耶纳大学（1240 年），意大利
4. 摩德纳大学（1175 年），意大利	12. 巴利亚多利德大学（1241 年），西班牙
5. 剑桥大学（约 1209 年），英国	13. 穆尔西亚大学（1272 年），西班牙
6. 萨拉曼卡大学（1218 年），西班牙	14. 科英布拉大学（1290 年），葡萄牙
7. 蒙彼利埃大学（1220 年），法国	15. 马德里康普顿斯大学（1293 年），西班牙
8. 帕多瓦大学（1222 年），意大利	

对于中世纪科学（如果科学在当时可以称得上是一门学科的话）的发展最为重要的当数 13 世纪。第一次文艺复兴的重要人物中有一位葡萄牙人，不过有关他的生平及著作还存在着许多未解之谜——佩德罗·伊斯帕诺（Pedro Hispano），又名佩德罗·茹利昂（Pedro Julião），于 1276 年成为第一位也是迄今为止唯一一位葡萄牙籍教皇，被称为约翰二十一世（其实称号有误，因为并不存在约翰二十世）。他与基督教思想三巨擘生于同一时代：英国方济各会修士罗吉尔·培根（Roger Bacon），毕业于牛津大学，后任教于牛津大学和巴黎大学，获封"奇异博士"（Doctor Mirabilis）；德国多明我会神父圣艾尔伯图斯·麦格努斯（S. Alberto Magno），任教于巴黎，获封"全能博士"（Doctor Universalis）；意大利多明我会神父圣托马

图 1 科英布拉大学，2013 年被联合国教科文组织列入世界遗产名录。这里曾是一座由摩萨拉布人建造的王宫，第一王朝的几乎所有国王（除一位以外）都居于此处。1385 年王国议会在此拥立若昂一世为国王。1597 年，费利佩一世（Filipe I）将宫殿转售给了科英布拉大学。

斯·阿奎那（S. Tomás de Aquino），他将亚里士多德哲学引入了基督教思想。佩德罗·伊斯帕诺其实很可能是圣艾尔伯图斯·麦格努斯在巴黎大学的学生，且曾与圣托马斯·阿奎那同窗共读。值得一提的是，罗吉尔·培根强调经验主义和数学的重要性，可谓科学方法的先驱者。

在巴黎大学深陷争议漩涡之时，时任教皇的约翰二十一世下令调查，并最终导致了 1277 年的巴黎大谴责，即"七七禁令"（此前巴黎大学已经收到了多份论文禁令清单），圣托马斯·阿奎那的部分论文也赫然在列。与此同时，梵蒂冈也正处于大动荡时期，其间举行了多次教皇选举秘密会议：1276 年被称为"四皇之年"。约翰二十一世即位仅半年后，在第二年就因意外事故死于维特尔布宫（palácio de Viterbo）。

佩德罗·伊斯帕诺为后世留下了大量的手稿作品，其中最著名的当数有关亚里士多德逻辑学的论著《逻辑学概要》（*Summulae Logicales*），该书在欧洲多所大学里作为教材沿用了 3 个世纪。另外还有重要的医学著作《明目论》（*De Oculo*）和《济贫医案》（*Thesaurum Pauperum*）。然而，鉴于当时在伊比利亚半岛曾有多位佩德罗留下过手稿，因此，这几部作品在著作权的归属问题上依然存在争议。有人认为,《逻辑学概要》应当是某位多明我会修士的作品。还有人认为,照理来说一位葡萄牙教皇应该不会在医学上有这等造诣。

待到科英布拉大学成立之际,佩德罗·伊斯帕诺已经去世 13 年了。就在 1290 年 3 月 1 日,迪尼斯一世签发题为《百科宝库》(*Scientiae Thesaurus Mirabilis*)的皇家特许状,敕令建立葡萄牙大学(也就是今天的科英布拉大学),旋即得到教皇尼古拉四世(Nicolau Ⅳ)的允准。科英布拉大学如今已成为世界文化遗产。所谓的中世纪"大学"(Studium Generali,意为"探索普遍学问的场所")的第一批章程制定于 1309 年,名为《特权大宪章》(*Charta Magna Privilegiorum*)。这所中世纪的葡萄牙大学规模不大,也不出名,因为并没有出过多少有名的学生或教师(除了一两个例外)。葡萄牙大学不断地在里斯本和科英布拉之间来回搬迁:1338 年迁回里斯本,16 年后又迁回科英布拉;1377 年再次迁往里斯本之后,直到 1537 年若昂三世(D. João Ⅲ)的一纸诏令,大学才最终在科英布拉扎根,以逃避王都的喧嚣——当时里斯本已成为一个非常国际化的大都市。直至 1911 年(除了 1559—1759 年在埃武拉的一所耶稣会大学,但其综合性不如科英布拉大学),科英布拉大学都是葡萄牙本土唯一的大学,也是庞大的葡萄牙帝国唯一的大学,这与西班牙帝国的大学数量形成了鲜明对比。

和其他中世纪大学一样,科英布拉大学的教学主要内容也是基于对古希腊文和拉丁文经典的阅读和品鉴。"吾师如是说"(magister dixit)这句格言描绘了当时的授课情景:老师用拉丁文朗读经典(因此老师在葡语中也被称为"lente",意为"朗读者",且至今仍在使用),学生必须一字一句地重复。当然,中世纪大学也会组织辩论(disputatio),但由讲师们解读的先贤箴言绝对是不可妄加议论的。至此,现代科学还未从沉睡中苏醒。

技术,即通过反复试错创造出的、能够实现某种功能的程序或物品,通常会先于科学而存在。早在以伽利略力学为理论基础的弹道学定律问世之

前，枪弹就已经为人类所使用。不过，只着眼于西方的技术史研究必然缺乏
全球性，且严重不足。可以肯定的是，第一批具有机械结构的钟表出现在中
世纪的欧洲（见表 2）；同样可以肯定的是，指南针和纸张都产自中国，后
者靠阿拉伯人经由伊比利亚半岛运来欧洲，最终取代了莎草纸。一些诞生于
中国的技术则在欧洲被重新改造发明，例如活字印刷术和部分样式的火枪。

表 2　中世纪和文艺复兴时期出现的主要技术

1.指南针（司南）：中国，战国时期（公元前约 475—前 221 年）；欧洲，1180 年
2.机械钟：法国，999 年；公共时钟，意大利，1335 年
3.印刷术：中国，约 7 世纪；德国，1453 年（《古腾堡圣经》）
4.火箭：中国，1232 年
5.眼镜镜片：意大利，1282 年
6.火炮：中国，1163 年或 1298 年
7.显微镜：荷兰，1590 年
8.温度计：意大利，1592 年（伽利略）
9.望远镜：荷兰，1608 年（不久便在意大利为伽利略所使用）

中世纪结束之时，也正是印刷术在欧洲兴起的时候，这要归功于德国
人约翰内斯·古腾堡（Johannes Gutenberg）（1400—1468）。1455 年，
他在德国美因茨印制了第一本《圣经》（科英布拉大学总图书馆收藏着一份
由古腾堡的两位同事于 1462 年印制的 48 行《圣经》副本）。如果没有印刷
术，16 世纪的科学革命便不可能发生。印刷书籍成为文艺复兴时期新兴科
学知识的重要传播途径。

地理大发现的航海家们在大海上航行时，极度依赖源自中国的罗盘和
源自阿拉伯的星盘。大炮同样是中国人的发明。但在传入欧洲后，大炮得
到了进一步改造升级，并为葡萄牙海军先后在远征印度、中国和日本时所
使用，威力远远超出当地的火炮。阿丰索·德·阿尔布克尔克（Afonso de
Albuquerque）正是凭借大炮而在印度洋上威震四方。

地理大发现与中世纪大学的科研和教学并无关联，而是出于贸易和宗教扩张的需求，当然，也出于人类对世界的好奇心。15 世纪末，随着巴尔托洛梅乌·迪亚士（Bartolomeu Dias）于 1488 年抵达好望角、瓦斯科·达·伽马（Vasco de Gama）于 1498 年抵达印度、佩德罗·阿尔瓦雷斯·卡布拉尔（Pedro Álvares Cabral）于 1500 年抵达巴西等一系列新航线的开辟，葡萄牙的航海大发现事业达到了顶峰。葡萄牙航海家斐迪南·麦哲伦（Fernão de Magalhães）在西班牙王室的支持下，计划在 1519—1522 年完成一次环球航行，可惜中途意外身亡，未能荣归故里。葡萄牙航海家们的航海知识，往往都是在九死一生的航海中获得的实践经验，而不是在中学或大学课堂上学到的科学理论。被冠以恩里克王子（D. Henrique）之名的萨格雷斯航海学校（escola de Sagres）基本可以说是形同虚设，尽管恩里克王子本人在葡萄牙航海早期为首次远航非洲的筹备工作做出了奠基性贡献。此外，当葡萄牙大学校址还在里斯本的时候，恩里克王子将自己在里斯本阿尔法玛地区（Alfama）的私宅捐给了大学（如今已经被毁）。据 1513 年的文献记载，这些建筑成了大学的图书馆。16 世纪初的里斯本纸醉金迷，各种奇珍异宝纷至沓来，然而，居于此间的葡萄牙大学却是籍籍无名。

葡萄牙航海家是现代科学的先驱者，他们将经验知识积累到了前所未有的高度。他们发现了新的大陆、新的民族和新的动植物，并且留下了翔实的记录。德国画家阿尔布雷希特·丢勒（Albrecht Dürer）绘制于 1515 年的一幅著名的犀牛版画（图 2）便是以一头从印度运来葡萄牙的犀牛为原型，曼努埃尔一世（D. Manuel I）本欲将其进献给教皇，可惜在运送途中，船只在意大利海岸沉没。

路易斯·德·卡蒙斯（Luís de Camões）用诗句歌颂了那个时代葡萄牙人非凡的科学精神。他也曾说过，实践出真知，《卢济塔尼亚人之歌》（1572）第十章中就将他渊博的天文知识书写得淋漓尽致：

图 2　犀牛木刻版画，由阿尔布雷希特·丢勒绘制于 1515 年，原型为一头运至葡萄牙的印度犀牛，曼努埃尔一世本欲将其进献给教皇。它象征着葡萄牙人和西班牙人在"新世界"发现的各种异域特产。

你看它四周的一颗颗星星

都构成一幅幅美丽的图形。

那就是大熊星和小熊星座

仙女，仙王，可怕的天龙，

美丽非凡而高贵的仙后座

面带怒容而勇敢的猎户座，

看那只临终前哀鸣的天鹅

天兔，大犬，南船悠扬的天琴。[1]

---

[1]　此处译文引自《卢济塔尼亚人之歌》第 542 页，[葡] 路易斯·德·卡蒙斯著，张维民译，四川文艺出版社，2020 年。——译者注

　　不仅北半球的天空，诗人对南半球的天空同样了若指掌——卡蒙斯曾在中国澳门地区和印度亲眼观察过南半球的星空，他还在印度与加尔西亚·德·奥尔塔（Garcia de Orta）相遇并结为好友。不过，卡蒙斯的观察仍是基于托勒密地心说的，这也不足为怪，因为当时距离哥白尼逝世、《天体运行论》出版的那一天（1543年5月24日）仅仅过去了几年。更何况，哥白尼的贡献还要在此后相当长的时间后才会被世人承认。

　　同样可圈可点的是，在《卢济塔尼亚人之歌》中，卡蒙斯还展现出了相当丰富的植物学知识。

　　其实，卡蒙斯的第一首印成铅字的诗作是献给印度总督雷东多伯爵的，见于奥尔塔所著《印度方药谈话录》（*Colóquios dos Simples e Drogas e Cousas Medicinais da Índia*）（1563）的序言中，节选如下：

> 善待这古老深奥的学识吧
>
> 阿喀琉斯也曾视其为珍宝；
>
> 瞧，你爱的那新生的绿芽
>
> 是作物园[①]中孕育的果实啊
>
> 园里的奇珍异草蓬勃生长
>
> 饱学之士也不识其中奥妙；
>
> 瞧，用不了若干年的时间
>
> 那一位众人皆知的奥尔塔
>
> 将在葡萄牙的草甸上种出
>
> 各种闻所未闻的神奇草药
>
> 哪怕是那法力高强的女巫
>
> 美狄亚和瑟西也无能为力。

———————————

① 古葡语中的"作物园（orta）"一词与"奥尔塔"之姓同形。因此，原诗中此处的"作物园"与下面的"奥尔塔"使用了同一单词，是巧妙的一语双关。——译者注

由此可见，科学超越了魔法。真正成为一门学科的现代科学，是对基于观察和实验的研究方法以及由此获得的知识的总称。现代科学于 16 世纪出现，17 世纪随着伽利略和牛顿对物理世界的定义攀至高峰。伽利略是"日心说"的坚定支持者。然而，中世纪的伟大学者们早已将亚里士多德和托勒密的"地心说"与基督教教义直接挂钩，并奉之为圭臬（例如，认为上帝在第七球体以外的所有空间都无处不在）。尽管受到了宗教裁判所的审判，这位意大利学者还是成功利用哥白尼学说撬动了基督教世界。实际上哥白尼也是一位由教会学校培养出来的天文学家，他毕业于意大利帕多瓦大学（Universidade de Pádua），后来在那里成了安德雷亚斯·维萨里（André Vesálio）的老师。

过去，在地中海范围内的航行仅需持续几天或几周；而在葡萄牙和西班牙主导的大航海时代，水手们得在无边无际的大海上航行数月之久，因而需要更高级的技术和设备为其保驾护航。其中，有三项技术至关重要。

其一是适合在开阔海域上长途航行的船只。葡萄牙人通过长期的不断试错改进了卡拉维尔帆船（caravela），使其灵活性和耐久性得到了同步提升。

其二是航海图。起初，所谓的波特兰海图（portulano）仅覆盖地中海海域；后来，陆续有了大西洋海图、印度洋海图等，逐渐覆盖到了更大的区域；直至最后出现了世界地图。换句话说，航海家们以海岸线为基准，逐渐将地球绘制成了完整的世界地图。最著名的葡萄牙航海图作者有：佩德罗·赖内尔（Pedro Reinel）（图 3）、洛波·奥门（Lopo Homem）和若昂·德·利斯博阿（João de Lisboa）（领航员，1514 年发表《论航海罗盘》，这是已知的关于如何测定磁偏角的最古老文本）。

其三是星盘。船在远离陆地的海域航行时，人们需要时刻辨别方位。纬度的测定相对容易一些——白天只需测量正午时分太阳的高度，晚上则测量北极星的高度（但北极星只能在北半球被观测到），使用星盘即可进行便捷的测量工作。星盘在此前已广泛应用于陆地旅行当中，但要用于航

图 3　佩德罗·赖内尔绘制的航海图，现藏于
德国慕尼黑国家图书馆。这是已知的第一张
带有纬度指示的航海图。

海的话，需提高耐久度，以抵御大海上的狂风骤雨。出生于西班牙萨拉曼卡的犹太人亚伯拉罕·扎库托（Abraão Zacuto）（他在天主教双王时期因受到迫害而逃离西班牙，后来又因受到曼努埃尔一世的迫害而再一次被迫逃离葡萄牙，去往叙利亚避难）创制了最早的金属航海星盘之一。沉船遗迹中也时常能够打捞出一些制作精良的葡萄牙星盘。然而，为了从星体的高度推算出船只所在的纬度，还必须要使用专门的表格。即便是那些最五大三粗、受教育程度最低的水手们，都学会了如何查阅书中记载的这些表格。毕竟，船只处于赤道以北还是以南，离顺风海域更近还是更远，都可能是生死攸关的问题。亚伯拉罕·扎库托的《万年历》（*Almanaque Perpétuo*）（图4）中所载的表格就是很好的范例。该书由另一位葡萄牙犹太人若泽·维齐尼奥（José Vizinho）

图4 科英布拉星盘（上），现藏于科英布拉大学科学博物馆；《万年历》（1496）内页表格（下），由亚伯拉罕·扎库托撰写，若泽·维齐尼奥翻译成葡语，被应用于早期葡萄牙人前往印度和巴西的航行。

从希伯来语翻译成葡语，于1496年在莱里亚（Leiria）出版后，便立刻为瓦斯科·达·伽马和佩德罗·阿尔瓦雷斯·卡布拉尔在远航印度时所使用。

然而，经度的测定要待到很久之后、借助于航海天文钟才得以实现——这是一种足够精准且坚固的计时仪表，可以很好地适应海上航行。

初代航海天文钟是由英国人约翰·哈里森（John Harrison）发明的，于
1736 年由南安普敦到里斯本的一次航行中首次投入使用。另一个曾被
尝试用于测定经度的工具是罗盘。罗盘在大航海时代不可或缺，但在实
际应用中，不断变化的磁偏角为航海家们带来了一些麻烦。例如，瓦斯
科·达·伽马在非洲最南端的厄加勒斯角（Cabo das Agulhas）发现那
里没有磁偏角，因此，罗盘指向了正北方向。葡萄牙人曾试图利用磁偏角
（即磁北方向和正北方向之间的夹角）来确定经度，然而未能成功。

佩德罗·努内斯（Pedro Nunes）与哥白尼和维萨里生于同一时代，
是当时乃至整个历史上最伟大的葡萄牙学者。努内斯也读过哥白尼的作
品，但并不赞同他的日心说，仅在技术层面作了一些点评。不过，日心说
在那个时代的拥趸也的确寥寥无几。就连叛出基督教的宗教改革伟大领袖
马丁·路德（Martinho Lutero）都对哥白尼日心说发起过强烈抨击。他在
1517 年说道：既然《圣经》都说太阳是绕着地球转的，那又怎么可能是地
球绕着太阳转呢？直到 17 世纪初，在伽利略的努力下，哥白尼的日心说才
真正推广开来。至于维萨里，努内斯未予置评，这也并不奇怪，因为尽管
努内斯曾经学过医学，但他后来完全放弃了在医学领域的教研活动。

努内斯出生于阿尔卡塞尔多萨尔（Alcácer do Sal）的一个犹太家
庭，曾在萨拉曼卡大学学习医学，加尔西亚·德·奥尔塔和阿马托·卢西
塔诺（Amato Lusitano）也同样在此进修。在 16 世纪上半叶，医学是科
英布拉大学的弱项，而萨拉曼卡大学在医学领域要比科英布拉大学更胜一
筹。科英布拉大学为了在医学上与时代接轨，特地聘请了多名西班牙讲师，
如恩里克·德·奎利亚尔（Enrique de Cuellar）和阿丰索·德·格瓦拉
（Afonso de Guevara），新增了解剖学和外科实践课程。除了这些外国医
生的助力，科英布拉大学的外科学在葡萄牙医生托马斯·罗德里格斯·维
加（Tomás Rodrigues Veiga）以及理发师出身的若昂·布拉沃·沙米索
（João Bravo Chamisso）的努力下取得了长足的发展。

1532年，努内斯在里斯本大学攻读完医学博士学位后，留校教授哲学。1544年，也就是在大学自里斯本迁回科英布拉的7年之后，这位数学家也一起来到了科英布拉，并在此任教近20年。不过从一开始，努内斯的研究兴趣就没有放在医学上，而是数学和天文学。凭借他的代表作《航海技艺与科学》（*De Arte Atque Ratione Navigandi*）（图5），努内斯完全可以称得上是新时代天文航海学的缔造者——这是一门完全基于数学的科学，但同时又具有公认的应用价值。

图5 《航海技艺与科学》，佩德罗·努内斯生前出版的最后一部作品，1573年由安东尼奥·马里兹（António Mariz）工坊在科英布拉印刷。

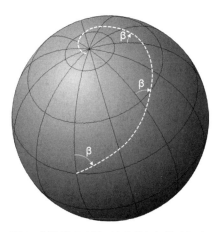

图6 斜航线示意图，该曲线与经线成恒定角度并趋近于地极。

众所周知，虽然努内斯从未踏上任何一艘海船，但是作为王国首席宇宙学家，他需要经常在科英布拉与里斯本之间往返，负责签发领航员执照。努内斯在论证中展现出了令人称道的严谨数学思维。例如，为了解决航海中的实际问题，努内斯便着手研究一条未知的数学曲线：如果船舵保持固定（即航行方向保持不变，轨迹与子午线夹角固定），那么船的航线会是怎样的？努内斯做出结论，它是一条向地极无限趋近的螺旋曲线，用数学的语言来说，它是地极的渐近线（图6）。这条曲线被称为"斜航线（loxodrómica）"。

努内斯的科研工作最初从翻译和评论有关天球的古籍开始，其中包括
13 世纪约翰尼斯·德·萨克罗博斯科（Johannes de Sacrobosco）的《天
球论》（*Tratado da Esfera*）。在里斯本出版的《论曙暮光》（*De Crepusculis*）（1542）一书中研究了曙暮光的持续时间。在安特卫普（Antuérpia）
出版的西班牙语著作《代数、算术及几何学之书》（*Libro de Algebra e Arithmetica y Geometria*）中研究了代数。他的作品汇编于《佩德罗·努内斯文
集》（*Petri Nonii Salaciencis Opera*）（1566），在哥白尼和维萨里的著作问世
23 年后于巴塞尔（Basileia）出版，这里也是维萨里的代表作《人体的构造》
的出版地。《佩德罗·努内斯文集》的主要内容经修订后在科英布拉重新出
版，题为《航海技艺与科学》（1573）。表 3 列出了努内斯的 6 本著 / 译作。

表 3　佩德罗·努内斯著 / 译作一览表

1.《天球论》，里斯本（1537），其中介绍了斜航线的概念
2.《论曙暮光》，里斯本（1542），其中描述了游标的模型
3.《关于奥龙斯·菲内论证的错误》（*De Erratis Orontii Finaei*），科英布拉（1546）
4.《佩德罗·努内斯文集》，巴塞尔（1566）
5.《代数、算术及几何学之书》，安特卫普（1567）
6.《航海技艺与科学》（努内斯代表作），科英布拉（1573），《佩德罗·努内斯文集》的再版

努内斯的发明中最著名的是游标（nónio），它旨在对象限仪进行升
级和改造，将多个标尺平行放置，以实现更加精准的角度测量。努内斯在
《论曙暮光》中描述了这一概念，后被用于一些皇家象限仪，如今仅有少
数存世。但这种游标很可能从未在船上使用过，因为海上测量无法达到足
够的精度。此外，努内斯与领航员们的理念并不一致：他们认为这位学者
的构想过于理论化。除了游标，努内斯还发明了航海环和影子仪来确定太
阳高度：航海环是一只可令阳光穿过的空心圆环；影子仪则与日晷十分相
似。丹麦天文学家第谷·布拉赫（Tycho Brahe）在《新天文学仪器》（*As-*

tronomica Instauratae Mechanica）中就提到了努内斯的游标，并附上了概念图。努内斯游标还出现在了布拉赫的学生、与伽利略同时代的德国伟大天文学家约翰内斯·开普勒（Johannes Kepler）所著《鲁道夫星表》（Tabulae Rudolphinae）一书的封面上（图7）。

据后世考证，努内斯其实是一个新基督徒，或是所谓的"葡萄牙籍外族人"（português de nação，达米昂·德·戈伊斯语，指的是具有葡萄牙国籍的犹太皈依者），那么，为什么他没有遭到宗教迫害呢？努内斯身世成谜，在他的故乡阿尔卡塞尔多萨尔并没有发现任何他家人的踪迹。这应当是他有意为之：在自己的身世问题上三缄其口，埋藏真相。努内斯这样做也情有可原，因为当他在1502年出生时，距离曼努埃尔一世下令驱逐犹太人才过去了6年；而在他4岁时，发生了著名的里斯本大屠杀（pogrom

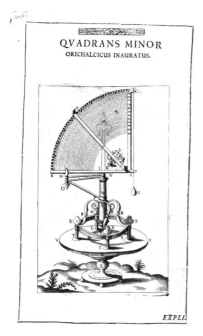

图7　佩德罗·努内斯的游标概念图，分别出现在第谷·布拉赫的《新天文学仪器》（1602）和约翰内斯·开普勒的《鲁道夫星表》（1625）中。努内斯在象限仪上叠加了多个标尺，以实现更精确的角度读取。法国的皮埃尔·维尼尔（Pierre Vernier）在此基础上发明了游标卡尺。

de Lisboa），两千多名犹太人惨遭杀害。他一直以基督徒的身份示人，在出任王国首席宇宙学家（他是第一个获得这一皇家任命的人）一年之后，于 1548 年受封加入基督骑士团（Ordem Militar de Cristo）。若非努内斯有意隐瞒身世，他绝不可能成为科英布拉大学的第一位数学教授，也绝不可能成为皇家顾问和王室教师。他的学生包括路易斯王子（D. Luís），也就是若昂三世的王弟，克拉图修道长（prior do Crato）之父；大审讯官（inquisidor-mor）恩里克一世（D. Henrique），此人老年还俗成为国王，以及塞巴斯蒂昂一世（D. Sebastião）。巧合的是，努内斯在三王战役①几天后与世长辞，尽管当时噩耗还没有传到葡萄牙。努内斯的科学结晶长期以来后继无人，直至这位伟人退休 30 年后，科英布拉大学的数学教授一职才由安德烈·德·阿韦拉尔（André de Avelar）担任（这位继任者因其犹太教信仰，于 1520 年被宗教裁判所处以终身监禁）。

努内斯的两个孙子马蒂阿斯·佩雷拉（Matias Pereira）和佩德罗·努内斯·佩雷拉（Pedro Nunes Pereira）为后世留下了一些有关努内斯的史料，现存于葡萄牙东波塔（Torre do Tombo）国家档案馆。他们因被指控在科英布拉郊区的滕图加尔家庭庄园等处供奉犹太教而被宗教裁判所逮捕。佩雷拉两兄弟试图凭借祖父的威望和王室官职为自己开脱罪名，但未能奏效。二人虽曾在科英布拉大学修习过教义课，但还是受到了酷刑折磨。在当时的 1631 年，对异端者的迫害要比他们祖父的时代严酷得多。他们在入狱近十年后的一次信仰审判中公开忏悔后才得以重获自由。审判揭发了努内斯家族五花八门的罪行，原因之一可能与家族之间的世仇有关，源头便是那起著名的持刀伤人案（cutilada）：佩德罗·努内斯的女儿吉奥玛尔

---

① 又称阿尔-卡塞尔－阿尔克比尔战役（Batalha de Alcácer-Quibir），发生于 1578 年 8 月 4 日，参战的一方为葡萄牙国王塞巴斯蒂昂一世和摩洛哥前苏丹穆泰瓦基勒的联军，另一方为摩洛哥苏丹马立克率领的摩洛哥军队。因有三位君王参战，故名"三王战役"。最终，葡军溃败，国王塞巴斯蒂昂失踪，直接导致了葡萄牙王位继承危机，也成了葡萄牙由盛转衰的转折点。——译者注

夫人（D. Guiomar）在科英布拉的圣若昂德阿尔梅迪纳教堂（Igreja de S. João de Almedina）刺伤了一位毁约的求婚者。这一刀在历史上留下的印痕，远比留在受害者身上的伤痕更为深刻。有诗为证：

> 她有多高贵
> 他便有多龌龊
> 她高贵不再 [①]
> 他却龌龊依然。

努内斯在国内外科学史上都留下了深刻的印记。除了布拉赫和开普勒以外，当时以及后世的许多科学家都引用过他的言论。在他逝世几十年后，一位德国数学家将努内斯放在了其著作封面上，与欧几里得等伟大数学家并列（图8）。努内斯能够在世界范围内受到这般尊崇，很大程度上归功于一位在科英布拉艺术学院进修的耶稣会士：德国神父克里斯托弗·克拉维乌斯（Christophoro Clavius）（进修的时间为1555—1560年，即此人13—18岁时）。克拉维乌斯是在哥白尼之后、伽利略之前的时代最伟大的天文学家。他在耶稣会的中心教育机构罗马学院

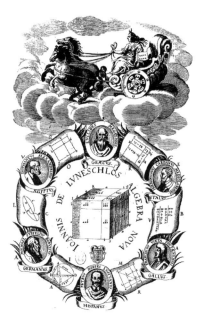

图8 《新代数术语词典》（*Thesaurus Mathematicum Reservatrus per Algebra Novum*）封面上的佩德罗·努内斯。该书由约翰内斯·德·卢内斯赫洛斯（Johannes de Lunesschlos）所著，1646年在德国帕绍出版。在这个由六幅肖像组成的圆环中，最上面的是古希腊人欧几里得，最下面的是葡萄牙人努内斯。

---

① 指的是吉奥玛尔夫人在行凶后身陷囹圄。——译者注

（Colégio Romano）创建了一所数学院，培养出了一批又一批精英数学家，他们逐渐将数学这门学科传播到了耶稣会这个庞大网络的每个角落。克拉维乌斯在科英布拉其实并不是努内斯的学生，他在罗马学习数学时也主要靠自学。不过，他在科英布拉学习时久闻努内斯才名；在葡逗留的最后一年，他还在科英布拉观察到一次日食。在他的《数学文集》（*Opera Mathematica*）中收录的多篇文章中，他都提到了努内斯的著作。另一件事也能说明努内斯在学界的名气：英国数学家和占星学家（当时占星学正逐渐让位于天文学）约翰·迪伊（John Dee）请努内斯做他的遗嘱执行人。

克拉维乌斯曾带领一群学者进行日历改革。教皇格里高利十三世（Papa Gregório XIII）当时就此事向努内斯咨询意见，但当时已经退休的努内斯年老体衰，未能给予答复。新的格里高利历（Calendário Gregoriano）于 1582 年 10 月 4 日生效，并立即被几个最忠于梵蒂冈教宗的国家所采用，如葡萄牙、西班牙、意大利和波兰（当时后两个国家的疆域还未扩张到如今的规模）。

1585 年，努内斯在科英布拉大学的继任者安德烈·德·阿韦拉尔就在《纪年法》（*Chronographia ou Reportorio dos Tempos*）中介绍了新历法（图 9）。但格里高利历过了很久才被其他国家逐渐接受和采用，最终取代旧的儒略历（Calendário Juliano），成了全世界普遍通行的历法。开普勒曾对英国人的缄默和抗拒有如下评论："英国人宁愿背叛宇宙，也不愿服从教皇。"

图 9　安德烈·德·阿韦拉尔所著《纪年法》，首次出版于 1585 年，图中展示的是 1594 年版。

若昂·德·卡斯特罗（D. João de Castro）也可以算得上是佩德罗·努内斯的学生（尽管学生比老师的年龄还要大一些），因为他也参加了努内斯在皇宫对王室子弟的授课。这位葡萄牙贵族兼印度总督是第一个进行地球磁场测量的人（在 1538 年和 1542 年两次前往印度的航行中，他试图利用磁偏角来确定经度，但均没有成功），并对海外殖民地的海岸进行了详细描述，包括海流、潮汐和气象等数据。若昂·德·卡斯特罗对经验观察给予的高度重视充分体现在他著名的《印度航海日志》（*Roteiros da Índia*）三部曲中：《从里斯本到果阿》（*Roteiro de Lisboa a Goa*）、《从果阿到迪乌》（*Roteiro De Goa a Diu*）、《从果阿或红海到苏伊士》（*Roteiro De Goa a Soez ou do Mar Roxo*）（图 10）。这无疑是科学革命的前奏。科学革命的巨匠们也肯定了葡萄牙人的功绩。开普勒为自己的长篇大论辩护道："如果葡萄牙人能有这样的鸿篇巨制，为什么我不可以效仿他们呢？"

17 世纪初，伊丽莎白女王宫中的一位英国医生威廉·吉尔伯特（William Gilbert）在《论磁场》（*De Magnet*）（1600）一书中汇集了当时所有有关磁铁作用的研究发现。吉尔伯特设想了一种名叫特雷拉（terrela，意为"小地球"）的微型球状磁铁，作为地球这块巨大磁铁的微缩版本。从该书中可以很显然地看出，葡萄牙人是地磁学领域的先驱者：吉尔伯特的著作中多次出现了葡萄牙人名和地名。在论述磁针指北的原因时，他引用了科英布拉学院的研究成果；他引用了奥尔塔的结论，说磁石对健康有益（"少量服用可葆青春"）；他批评努内斯"对磁铁几乎没有任何了解或经验"（如前所述，努内斯的确没有任何航海实践经验）；他谈到了葡萄牙航海家罗德里格斯·德·拉佐斯（Rodrigues de Lazos）有关磁偏角的研究；他描述了葡萄牙制造的指南针，以及葡萄牙人在印度洋的观察结果。然而奇怪的是，吉尔伯特并没有提到若昂·德·卡斯特罗在 16 世纪中叶进行的磁场观测。

在 16 世纪相辅相成的医学和植物学领域，首屈一指的当数葡萄牙科

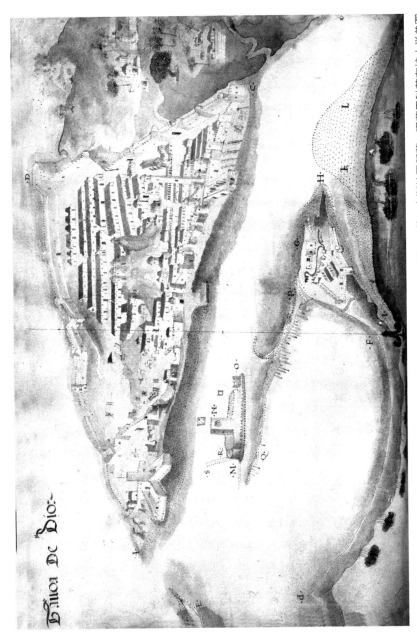

图 10　《印度航海日志：从果阿或红海到红海到苏伊士》（1541）一书中的内页，由若昂·德·卡斯特罗所著，现藏于科英布拉大学总图书馆。另外两份航海日志分别藏于葡萄牙国家图书馆和伦敦大英图书馆。图片中展示的是迪乌港口。

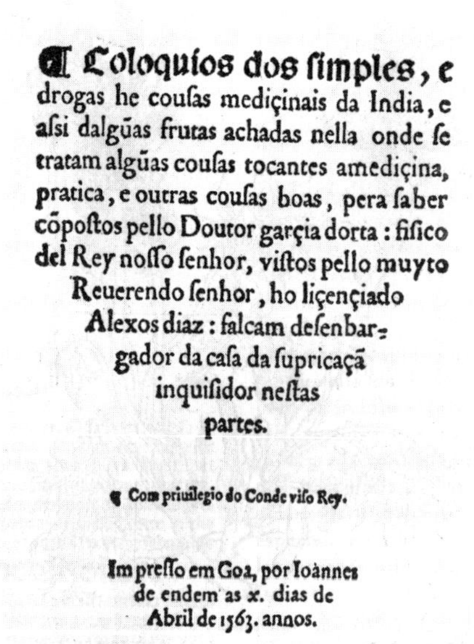
Coloquios dos ſimples, e drogas he couſas mediçinais da India, e aſi dalgũas frutas achadas nella onde ſe tratam algũas couſas tocantes amediçina, pratica, e outras couſas boas, pera ſaber cõpoſtos pello Doutor garçia dorta: fiſico del Rey noſſo ſenhor, viſtos pello muyto Reuerendo ſenhor, ho liçençiado Alexos diaz: falcam deſenbargador da caſa da ſupricaçã inquiſidor neſtas partes.

Com priuilegio do Conde viſo Rey.

Impreſſo em Goa, por Ioannes de endem as x. dias de Abril de 1563. annos.

图 11　加尔西亚 · 德 · 奥尔塔所著《印度方药谈话录》封面，发行于 1563 年印度果阿。

学家加尔西亚 · 德 · 奥尔塔和阿马托 · 卢西塔诺。二人很早便背井离乡，前者移居印度，后者游历欧洲。他们行医素来谨慎，都对具有药用价值的植物有所研究，例如可用于治疗梅毒的“中国根（即土茯苓）”（奥尔塔患有这种疾病）。两人还有一个共同点，即在经验观察的基础上撰写出了严谨的医药著作。奥尔塔唯一一部印刷出版作品《印度方药谈话录》（图 11）是用葡萄牙语书写的。《谈话录》是作者与一个虚构人物之间的对话，分为大约 60 个章节，描述了约 60 种东方草药，例如芦荟、樟脑、鸦片、罗望子等。该书首次对多种药用植物的特征、产地和疗效等进行了精确描述。《谈话录》还首次描述了某些罕见疾病的症状及其相应疗法，比如霍乱。该书在国际范围内的传播要归功于比利时植物学家卡罗卢斯 · 克卢修斯（Charles de l’Écluse），他在安特卫普为此书撰写了一份拉丁文摘要，题为《一些芬芳而简便的药物》（*Aromatum et Simplicium Aliquot Medicamentoru*）（1567）。《谈话录》还被译为卡斯蒂利亚语，收录于《论东印度方药》（*Tractado de las drogas y medicinas de las Indias Orientales*）（1578），该书由北非出生的葡萄牙医生克里斯托旺 · 达 · 科斯塔（Cristóvão da Costa）配图并于布尔戈斯出版。

奥尔塔和阿马托的思想相当与时俱进，熟悉现代世界的新事物。加尔西亚 · 德 · 奥尔塔在《印度方药谈话录》第 9 章中表现出极强的科学自信：“不要用迪奥斯科里德斯（Dioscórides）或盖伦（Galeno）来压我，因为我只说实话，说我知道的东西。”

二人都对同时代的维萨里作出了批评。奥尔塔在《印度方药谈话录》中写道：

> 维萨里和拉古纳（Andrés Laguna）说，"中国根"是腐烂的植物，一文不值，却要付出那么多代价才能运过来。他们真是大错特错。我认为，无论要花多大代价，无论要花多少钱，都无所谓。正如马特奥洛·塞嫩塞（Mateolo Senense）所说，只要"中国根"是好药，查理五世（Carlos V）皇帝陛下服用后见效，这就足够了。

阿马托在《医疗纪年史》（*Centúrias de Curas Medicinais*）某一卷中也写到了"中国根"：

> 我很高兴能在这里介绍"中国根"这种草药，它非常具有研究价值。但据我所知，直到现在都几乎（或根本）没有人介绍过它。安德雷亚斯·维萨里几天前发表了一本小册子，题为《论中国根》，其中（我并不是针对维萨里本人）除了标题之外，根本没有任何有关"中国根"的内容……维萨里是一位杰出的解剖学家，学识渊博，精通拉丁语……

还有另外一段：

> 这就是我们和专业医生经常可以意识到的事情。这就是为什么维萨里在这件事情上本可以做得更好，要是他可以闭紧嘴巴，而不是毒舌地使用阿韦尔罗伊斯（Averróis）的错误据理反驳盖伦的话。

阿马托原名若昂·罗德里格斯（João Rodrigues），出生于布兰科堡（Castelo Branco），毕业于马德里近郊的萨拉曼卡大学和锡古恩萨大学（Universidade de Siguenza），并和奥尔塔一样，于1534年离开了祖国。他先是住在比利时，在那里出版了他的第一部作品：《迪奥斯科里德斯索引》（*Index Dioscorides*）（1536），内容是对希腊医生迪奥斯科里德斯有关药用植物的著作的评论。后来他在意大利各地行医，还成了许多知名人士的家庭医生。在威尼斯，他出版了《论迪奥斯科里德斯〈药物论〉第五卷》（*In Dioscorides Anabarzaei de Medica Matéria Librum Quinque*）（1556[①]），这是一部关于药用植物的综合性论著，展现出阿马托在医药领域的渊博知识。他从1541年开始在意大利北部的费拉拉大学（Universidade de Ferrara）任解剖学教授兼医生。他还与意大利解剖学家詹巴蒂斯塔·卡纳诺（Giambattista Canano）合作，发现了奇静脉和静脉瓣膜。尽管这一创新发现没有立即得到世界的认可，但它为哈维（William Harvey）发现血液循环系统和心脏的泵血功能打下了基础。

图12 阿马托·卢西塔诺所著《医疗纪年史》封面，发行于1620年法国波尔多。

阿马托的代表作是以拉丁文写就的《医疗纪年史》（拉丁语名为 *Curationium Medicinalium Centuria*），在1551[②]—1561年共分七卷出版，另有50多个不同语言的译本（图12）。第一卷纪年史讲述的是美第奇政治王

① 作者误写为1553年。——译者注
② 作者误写为1531年。——译者注

朝的创始人科西莫·德·美第奇（Cosme de Médici）。作者在介绍他的医学观察时非常谨慎，这样的态度亦是非常与时俱进的。例如，他写道：

> 正如大家心知肚明的那样，在我们这个行业中，奇迹总有可能发生，甚至还有人说医学是非常神圣的。但是，我们必须时时刻刻关注每一个细节，观察哪怕是一丁点儿表征变化。

除了都主攻临床观察和药用植物学之外，奥尔塔和阿马托还有一个共同点，即他们都是被迫逃离葡萄牙的犹太人，但他们的去向和命运大不相同。奥尔塔在果阿成了名医，因此，虽然他在死后遭到了宗教裁判所的审判，但在世时却幸运地免受迫害。在奥尔塔逝世 15 年之际，葡萄牙设于果阿的宗教法庭对他进行了信仰审判，并下令焚烧他的尸骨。阿马托则因其著作遭到严厉封杀（《医疗纪年史》被列入 1559 年天主教会制定的禁书清单《禁书目录》），不得不在意大利四处流浪（威尼斯、安科纳和佩萨罗都曾是他的暂居城市）。大概是由于宗教原因，他最终永远地离开了意大利。

在当时，医院的实践培训已逐渐取代了唯一开设医学专业的葡萄牙大学的相关理论学习课程。在所有葡萄牙医院中，最著名的当数 1492 年由若昂二世（D. João Ⅱ）在里斯本创建的、由多家小型诊所兼并而成的皇家万圣医院（Hospital Real de Todos os Santos）（图 13），以及 1510 年由阿丰索·德·阿尔布克尔克创建的果阿皇家医院（Hospital Real de Goa）（奥尔塔曾在此工作）。

位于罗西奥（Rossio）的皇家万圣医院曾是欧洲最大也是最好的医院之一，但在 1755 年里斯本大地震中几乎完全被夷为平地。幸存下来的部分，包括解剖室和外科手术室，被转移到邻近的新圣唐耶稣会学院（S. Antão-o-Novo），该学院也被称为圣若泽医院（Hospital de S. José）。皇家万圣医院的著名外科医生有：科英布拉大学的西班牙医生阿丰

图 13　里斯本罗西奥的皇家万圣医院正门，由若昂二世于 1492 年[1] 敕令建造。

索·德·格瓦拉（16 世纪）；曼努埃尔·康斯坦西奥（Manuel Constâncio）
（18—19 世纪），他从放血师和理发师做起，很快成了桃李遍布世界的解剖
学教授。

　　从推动实用医学发展和救治病患的角度来看，曼努埃尔一世的莱昂诺尔
王后（D. Leonor）于 1498 年在里斯本教堂创立的仁慈堂（Misericórdias）
居功甚伟，该组织在今天依然具有重要地位。此前，莱昂诺尔王后还创办了
卡尔达斯达赖尼亚医院（Hospital das Caldas da Rainha）。

　　从奥尔塔和阿马托的不幸遭遇中可以看出，1536 年若昂三世下令设
立的宗教裁判所根本不利于医学的进步。著名医生弗朗西斯科·桑谢斯
（Francisco Sanches）因其新基督徒身份，早年移民法国，在托洛舍医院

---

① 作者误写为 1942 年。——译者注

（Hospital de Toulose）达到了医学教学生涯的顶峰，并著有哲学著作《论不可知》（*Quod nihil scitur*）。他反对经院哲学，主张实验方法。另一位伟大的医生罗德里戈·德·卡斯特罗（Rodrigo de Castro）是妇科的先驱者，也是著名的职业道德论文《政治医生》（*O Médico Político*）的作者。他被迫逃离葡萄牙，于 1591 年定居德国汉堡。以下便是出自《政治医生》的名言：

> 因为如若一个人是出于追逐利益、名声或荣誉等外物而行医的，他便不配被称为纯粹的医生，而是个功利的、贪婪的、虚荣的、利己的"医生"——或随便用个什么其他词语称呼他吧。然而，真正担得起"医生"之名的人一定是在善良和人性的驱使下而行医的。

还有一位伟大的犹太医生扎库托·卢西塔诺（Zacuto Lusitano），他是亚伯拉罕·扎库托的玄孙，在 17 世纪流亡到阿姆斯特丹，藏身于一个信仰犹太教的葡萄牙人社群——要知道具有葡萄牙血统的哲学家本托·埃斯皮诺萨（Bento Espinosa）就曾被阿姆斯特丹的葡萄牙犹太会堂逐出教会。对伊比利亚半岛的犹太人来说，在这个时代生存殊为不易。大审讯官禁止犹太裔学生进入科英布拉大学的圣佩德罗学院（Colégio de S. Pedro）。在葡萄牙和西班牙 16—17 世纪的禁书目录中，约有三分之一是医学著作。包括阿马托的《医疗纪年史》在内的多部作品遭到严厉审查，其中一些关于两性的内容被删减。无怪乎皇家万圣医院的医生兼王国首席外科医生弗朗西斯科·托马斯（Francisco Tomás）在 1592 年给马德里主教的信中写道："医学科学在葡萄牙已死，而且几乎没有重生的可能，因为大学里既没有显微镜，也不会有优秀的医学生。"

辉煌一时的葡萄牙科学开始走向没落之时，正值若昂三世驾崩后的王位继承危机。年轻的塞巴斯蒂昂一世在北非的战场上失踪后，国运日下，随后宗教裁判所的恩里克一世还俗继位，但没过多久，王位重又空悬。不过，在塞巴斯蒂昂一世短暂的执政期间，有一桩重要的科学史实值得一提：一位生平不详的地理学家费尔南多·阿尔瓦罗·塞科（Fernando Álvaro Seco）向教皇进献了第一张葡萄牙地图。后来葡萄牙大使馆将地图原稿（现已遗失）送给了一位意大利主教作礼物，这名位列圣座的主教在塞巴斯蒂昂一世即位时也对葡萄牙施以了庇护。再后来，一位威尼斯出版商米歇尔·特拉梅齐诺（Michele Tramezzino）以1:1340000的比例将该地图进行雕版印制，并在1561年经教皇特许后出版。要知道，献给塞巴斯蒂昂一世的《卢济塔尼亚人之歌》第一版发行于1572年，与阿尔瓦罗·塞科地图几乎于同时代问世。1571年，即《卢济塔尼亚人之歌》在里斯本出版的前一年，比利时地理学家亚伯拉罕·奥特柳斯（Abraham Ortelius）在安特卫普出版了一本地图集，其中就包含了这张最古老的葡萄牙地图的另一个版本，自此这张地图（图14）得以在欧洲学界广为流传。

图14 第一张未绘出伊比利亚半岛其他地区的葡萄牙地图，由费尔南多·阿尔瓦罗·塞科绘制，此处为由亚伯拉罕·奥特柳斯在1571年印制的版本。卡尔洛斯·纳拜斯·孔德（Carlos Nabais Conde）曾收藏过一份保存完好的地图副本，该副本现藏于科英布拉大学总图书馆。

第 2 章

对伽利略学说的接受：
科学革命与基督教全球化

17 世纪的葡萄牙是由传教布道的耶稣会士缔造而成的，尤以安东尼奥·维埃拉神父（António Vieira）最为出名，但从科学发展的角度来看，这实在是一个乏善可陈的年代。这个时期的葡萄牙沦为了任海上列强宰割的鱼肉，因此，王政复辟战争后葡萄牙得以收复巴西，已经称得上是一场巨大的军事和政治胜利了。然而在世界科学史上，17 世纪却留下了浓墨重彩的一章。科学革命正是在这一世纪全面打响：首先，伽利略·伽利莱通过斜面实验观察了重物下落的速度，还用他的天文望远镜观察了夜空中的星体运行轨迹；其次，同时代的约翰内斯·开普勒以第谷·布拉赫的观察结果为基础，归纳出了行星运动的三大定律；最后，站在伽利略和开普勒等"巨人的肩膀"上，艾萨克·牛顿成了科学革命的集大成者。在伦敦皇家学会的支持下，《自然哲学的数学原理》于 1687 年横空出世。在牛顿的这本传世之作中，他将地球物理与天体物理完美结合，以简明的数学语言论证：万有引力是普遍存在的，一切运动都由万有引力定律支配，下可以解释一只苹果掉落在地上的原因，上可以描绘月球绕地球公转的轨道。

耶稣会士将科学革命带到了葡萄牙，又带向了世界各地。由圣依纳爵·罗耀拉（Santo Inácio de Loyola）成立于 1534 年的耶稣会在 1540 年有了葡萄牙分会，并在自此以后的很长一段时间内对葡萄牙的科学和文化发展起到了决定性作用，其影响范围不仅限于葡萄牙本土，更是遍布全球的葡萄牙帝国。直至 1759 年[①] 彭巴尔侯爵下达驱逐令后，耶稣会才在葡萄牙消亡，这也最终导致了该组织在世界范围内的衰落。在圣依纳爵耶稣会的创始成员中，除了葡萄牙人西芒·罗德里格斯（Simão Rodrigues），还有巴斯克人弗朗西斯·泽维尔（Francisco Xavier）——他从葡萄牙乘船前往东方传教，并因此获封圣徒。第一批耶稣会学院正是在葡萄牙建立起来的。其中，耶稣学院（Colégio de Jesus）成立于 1542 年，比哥白尼和维萨里的著作出版时间还要早一年。艺术学院（Colégio das Artes）起初在 1548 年[②]（见表 4）由安德烈·德·古韦亚（André de Gouveia）带领、来自法国波尔多（Bordéus）的人文主义者（即所谓的"波尔多老师"，他们都受到了文艺复兴思想的熏陶）成立，七年后交由耶稣会管理。耶稣会在科英布拉的高城区（Alta da Cidade）为艺术学院修建了一座新的教学楼，紧邻耶稣学院（图 15），形成了一片大型的教育综合体，内设一处公共食堂。

除了耶稣学院教堂［今为新主教座堂（Sé Nova）］之外，这两所学院的建筑现如今均归科英布拉大学所有。而毗邻圣克鲁斯修道院的艺术学院旧址则交予宗教裁判所，成了科英布拉的宗教法庭。

---

① 作者误写为 1579 年。——译者注
② 作者误写为 1948 年。——译者注

图 15　18 世纪版画，左边是耶稣会学院（学院教堂就是如今的新主教座堂），右边是艺术学院。作为彭巴尔改革的内容之一，远处那座连接两个校区的建筑于 1773 年被改建为化学实验室。

表 4　葡萄牙历史悠久的耶稣会学院

1. 耶稣学院，科英布拉，1542 年
2. 圣安唐学院，里斯本，1542 年，曾开办地球课堂（1579—1590）
3. 艺术学院，科英布拉，1548 年
4. 圣灵学院，埃武拉，1559 年

里斯本耶稣会起初设于阿尔法玛区的老圣安唐学院（Colégio de Santo Antão-o-Velho），后于 1579 年搬至新圣安唐学院（Colégio de Santo Antão-o-Novo），也就是如今圣若泽医院的所在地。埃武拉耶稣会则设于圣灵学院（Colégio do Espírito Santo），后来成了埃武拉大学校址。

耶稣会士对葡萄牙科学发展做出的贡献虽然不小，但在空间和时间上却并不怎么集中。一方面，从 16 世纪末到 18 世纪（除了个别例外），科英布拉耶稣会的科学发展一直相对孱弱，甚至试图重新搬出死板的经院哲学，成了反宗教改革运动的主力军。

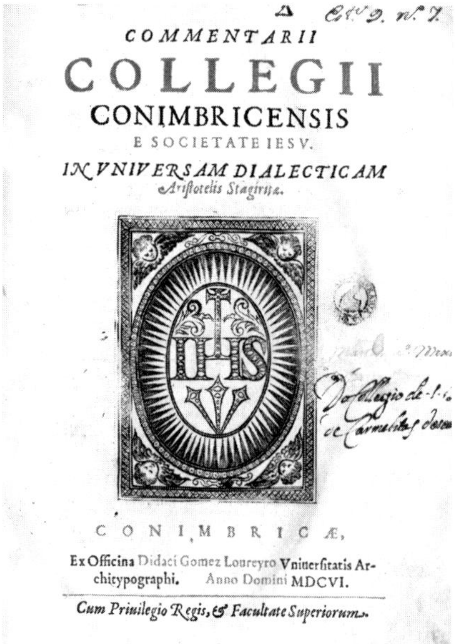
COMMENTARII
COLLEGII
CONIMBRICENSIS
E SOCIETATE IESV.
IN VNIVERSAM DIALECTICAM
Aristotelis Stagiritæ.
CONIMBRICÆ,
Ex Officina Didaci Gomez Loureyro Vniuersitatis Architypographi. Anno Domini MDCVI.
Cum Priuilegio Regis, & Facultate Superiorum.

图 16 《科英布拉人》（科英布拉，1606）某一卷的封面，内容是对亚里士多德经典著作的评论。

例如，由当时最有名望的老师佩德罗·达·丰塞卡（Pedro da Fonseca）参与撰写的、内容为有关亚里士多德经典著作评论的《科英布拉人》（*Conimbricenses*）（图 16）正式在科英布拉出版，并成了世界各地的耶稣会学院的主流教材。法国数学家和哲学家勒内·笛卡尔（René Descartes）年轻时曾在布列塔尼的一所耶稣会学院修读过这套书，但他并不喜欢书中的内容。在给法国物理学家梅森神父（Padre Mersenne）的一封信中，他写道："《科英布拉人》太长了，要是能写短一些就好了。"

但另一方面，在里斯本圣安唐学院的"地球课堂"（Aula da Esfera）任教的耶稣会士也是将伽利略学说传入葡萄牙的最大功臣，那时距离伽利略用望远镜进行首次观测的 1609 年才过去短短几年。伽利略第一次使用一台荷兰制造的天文望远镜观察夜空，就发现了许多令人啧啧称奇的事物，例如在月球上形成暗斑的山脉和火山口，与地球上的山脉和火山口一模一样（这表明物理定律在地球上和地球外是一样适用的），还有太阳黑子，金星相位，特别是那几颗邻近木星的卫星，充分证明了哥白尼所作大胆假设的正确性，同时也彻底推翻了亚里士多德和托勒密的传统地心说：如果这些卫星是绕着木星转的，就意味着古希腊人说错了，并不是所有的星星都绕着地球转。1609 年，伽利略发表著作《星际信使》（*Sidereus Nuncius*），对这些最新的宇宙观测结果作出了说明；1632 年，伽利略又出版了《关于托勒密和哥白尼两大世界体系的对话》（*Dialogo sopra i due massimi sistemi del mondo*），次年他便因为这本书而被送上了罗马的宗教法庭。

罗马的一些耶稣会士也证实了这些观测结果（1611 年，年轻的伽利略曾在罗马拜访过克拉维乌斯，二人结为好友），不过他们并未加入伽利略的"日心说"阵营。克拉维乌斯也只是说，如果伽利略的观察结果是正确的，那么将来的天文学家可将其用来完善托勒密地心说以及其他已有学说的理论架构。可惜的是，克拉维乌斯早在伽利略受审之前就去世了。

众所周知，1633 年罗马教廷对伽利略进行了审判。但在此之前，一些能够架设望远镜并用其观察夜空的耶稣会士就已经来到了葡萄牙，其中就包括奥地利人克里斯托弗勒斯·格林伯格（Christophorus Grienberger）、意大利人乔瓦尼·伦博（Giovanni Lembo）和克里斯托弗·博里神父（Padre Cristophoro Borri）（见表 5）。前两人因受伽利略案牵连，遭到主教贝拉明审讯，并被勒令与哥白尼日心说割席。葡萄牙耶稣会们进行了最早的望远镜［当时叫作"望得远（longemira）"］观测，可追溯到伦博于

图 17 《天文集》（1631）封面，由意大利耶稣会士克里斯托弗·博里所著，他是第一个在葡萄牙对望远镜的概念进行说明的人，也是最早在葡萄牙用望远镜进行观测的人之一。

1612 年左右在"地球课堂"进行的观测活动。

《天文集》（*Collecta Astronomica*）（图 17）的作者克里斯托弗·博里神父在交趾支那（Cochinchina）长期传教后，于 1627 年来到科英布拉，并借助望远镜对月球进行了观测，留下了详尽的记录，其中包括一张版画。也正是他教会了葡萄牙人如何制造望远镜。

后来，传教士们又将望远镜带去了中国和日本，他们或是葡萄牙人，或是到过葡萄牙的外国人。其中最著名的就是意大利神父利玛窦（Padre Matteo Ricci），他远航东方之前在科英布拉学习过葡萄牙语。他将克拉维乌斯的作品翻译成了中文，并通过融入当地的风俗习惯，卓有成效地实现了东西方的文化交汇。利玛窦经由中国澳门 ① 进入中国内地——对当时的西方人来说，中国澳门是中国内地的门户。另一位从中国澳门进入中国内地的耶稣会士是葡萄牙神父徐日升（Tomás Pereira），他在清朝的钦天监（Tribunal das Matemáticas）为官，担任南怀仁的副手（图 18）。

由于若泽一世的首席国务大臣——塞巴斯蒂昂·若泽·德·卡尔瓦略 - 梅洛（Sebastião José de Carvalho e Melo），也就是著名的彭巴尔侯爵——的一系列强有力的宣传举措，葡萄牙耶稣会在 18 世纪被视为导致国家落后

---

① 1582 年 8 月，利玛窦抵达中国澳门，当时在中国澳门地区葡萄牙人可以长期居留，因此，当时的中国澳门对于西方人而言，可经由中国澳门进入中国内地。——编者注

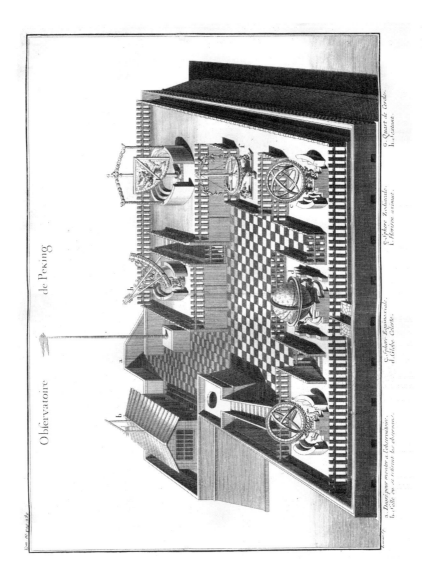

图 18　清朝钦天监，在图中所绘时期由比利时神父南怀仁（Ferdinand Verbiest）掌管，葡萄牙神父徐日升在当时担任南怀仁的副手。

的罪魁祸首和多项罪行的始作俑者，甚至还被视为针对若泽一世的暗杀行动的幕后策划。不过，并非所有的耶稣会士都是因循守旧的老古板。尽管新物理学在耶稣会学院的传播受到了一些限制（1746 年科英布拉艺术学院院长下令禁止教授牛顿学说），但欧几里得的几何学还是以必要的严谨态度得到了传播。可用于佐证这一点的是数学瓷砖（图 19），现存的瓷砖中大部分藏于马查多·德·卡斯特罗国家博物馆（Museu Nacional Machado de Castro），据推测应当是来自科英布拉的某所耶稣会学院墙上的瓷砖，但不知具体是哪一所（而且这些瓷砖中的大部分都遗失了，假设欧几里得《几何原本》中的所有图像都被制作成了瓷砖的话）。另一方面，耶稣会士在物理学方面也十分与时俱进（见表 5），具体表现为数学家伊纳西奥·蒙泰罗（Inácio Monteiro）的著作《数学概要》（*Compêndio dos Elementos de Mathematica*）（1754—1756）。他曾在埃武拉和科英布拉任教，1759 年于圣塔伦（Santarém）被捕，后逃亡意大利费拉拉，也是阿马托曾经避难的地方。另一个例子是 18 世纪中期耶稣会士若昂·洛雷罗（João Loureiro）的工作，他研究了中南半岛（博里神父多年前曾去过那里）的植物群。还有一个不得不提的是耶稣会士的中国西藏探索之旅，他们是第一批抵达中国西

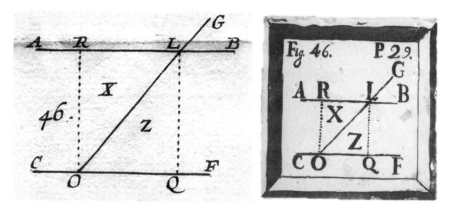

图 19 欧几里得定理之一的论证图例，载于比利时耶稣会士安德烈·塔克（André Tacquet）的《几何纲要》（*Elementa Geometriae*）（安特卫普，1654），以及印有该图例的数学瓷砖，现藏于科英布拉的马查多·德·卡斯特罗国家博物馆。

藏的欧洲人。

表5　16—17世纪到过葡萄牙的耶稣会科学家

1. 卢伊斯·德·阿尔梅达（Luís de Almeida）（1525—1586），葡萄牙人，1550年远航日本；将西医传入日本，并创建了多家医院
2. 克里斯托弗·克拉维乌斯（1538—1612），德国人，1555—1560年在科英布拉进修；主持编制了1582年新历法
3. 克里斯托弗勒斯·格林伯格（1561—1636），奥地利人
4. 乔瓦尼·伦博（1570—1618），意大利人；1612年左右在里斯本进行了早期的望远镜观测
5. 克里斯托弗·博里（1583—1632），意大利人，曾在里斯本居住过一段时间，后去往中国和越南；此后辗转回到葡萄牙，在里斯本和科英布拉教书；1627年，绘制了葡萄牙第一幅反映望远镜观测图像的版画
6. 利玛窦（1552—1610），意大利人，1577年在科英布拉短暂停留，后去往中国
7. 徐日升（1645—1708），葡萄牙人，1666年远航至中国

　　通过博里神父和其他耶稣会士的活动不难看出，他们也曾尝试摆脱来自中世纪的亚里士多德主义的消极影响。科英布拉、里斯本和埃武拉耶稣会学院的多名教师都曾试图在教学内容和教学方法上推陈出新。他们将所谓的新兴现代作品引入课堂，还将其中一部分收藏于汗牛充栋的耶稣会图书馆。但可以肯定的是，不单是由于耶稣会的故步自封，更是由于王室的打击压制，先进的科学理念终究没能及时在葡萄牙流传开来。1759年，彭巴尔侯爵一声令下，所有耶稣会学院都被关停。

第3章

启蒙运动：
"侨居者"、圣讲会与彭巴尔改革

18世纪见证了牛顿学说的巨大成功，而牛顿又与享誉世界的伦敦皇家学会之间有着千丝万缕的联系。1727年，也就是若昂尼娜图书馆在科英布拉建成的前一年（图20），时任学会最高职位的牛顿与世长辞。伦敦皇家学会作为全世界历史最为悠久且延续至今的学会，其起源却依旧成谜。

1660年，12位自由思想者齐聚一堂，在其中一人的主持下开会商议，决定在伦敦成立一个协会，两年后获得了查理二世（D. Carlos Ⅱ）授予的皇家特许状。

伦敦皇家学会自诞生起便与葡萄牙产生了联系，因为查理二世在1662年与若昂四世（D. João Ⅳ）的女儿布拉干萨公爵夫人卡塔里娜（D. Catarina de Bragança）大婚（两人图像见图21），以图加强英葡政治联盟（若昂四世就曾凭借该联盟关系驱逐了西班牙王室并登基）。尽管此次联姻算不上多么成功（查理二世是英格兰教徒，而卡塔里娜是天主教徒），且英

图 20　科英布拉大学的若昂尼娜图书馆。该馆早在 1728 年业已建成，但直至近 50 年后的彭巴尔改革，图书馆才开始正式运营，并向各类学术活动开放。它被誉为世界上最美图书馆之一。馆藏中大半都是宗教书籍，但亦有许多科学著作。

图 21　英国国王查理二世和他的王后——布拉干萨公爵夫人卡塔里娜。1662 年，查理二世颁发特许状，伦敦皇家学会正式成立。学会共有过 25 名葡萄牙会员，其中约有一半是科学家。

葡联盟并不注重科学层面上的合作，但在整个 18 世纪，伦敦皇家学会不断吸纳了众多葡萄牙会员（见表 6）。有因其科学成就而入会的科学家，亦有因其文化修养和政治责任而入会的政治家。

表 6　伦敦皇家学会的葡萄牙会员（在出生和死亡年份后标有入会年份；按入会时间顺序排列）

1. 艾萨克·德·塞奎拉·萨姆达（1696—1730），1723 年，医生

2. 若昂·巴普蒂斯塔·卡尔博内（1694—1750），1729 年，天文学家

3. 雅各布·德·卡斯特罗·萨尔门托（1692—1762），1730 年，医生

4. 本托·德·莫拉·波尔图加尔（1702—1766），1741 年，物理学家和工程师

5. 马特乌斯·德·萨赖瓦（Mateus de Saraiva）（？—1765?），1743 年，医生和博物学家

6. 若昂·门德斯·萨切蒂·巴尔博萨（João Mendes Sachetti Barbosa）（1714—1774?），1750 年，医生

7. 若昂·舍瓦利埃（1722—1801），1754 年，天文学家

8. 特奥多罗·德·阿尔梅达（1722—1804），1758 年，物理学家

9. 雅各布·罗德里格斯·佩雷拉（Jacob Rodrigues Pereira）（1715—1780），1760 年，聋哑学校老师

10. 若昂·雅辛托·德·马卡良斯（1722—1790），1774 年，物理学家

11. 若泽·科雷亚·达·塞拉（1750—1823），1796 年，博物学家和外交官

12. 弗朗西斯科·德·博尔雅·加尔桑·斯托克勒（Francisco de Borja Garção Stockler）（1759—1829），1819 年，数学家

迄今为止，伦敦皇家学会共有过 25 名葡萄牙会员，其中 12 名是科学家、13 名是政治家，大多数都生于 18 世纪。最著名的政治家会员包括曾出任葡萄牙驻伦敦大使的彭巴尔侯爵，以及 1779 年创建里斯本科学院的皇室成员拉菲斯公爵（Duque de Lafões）——也就是若昂·德·布拉干萨公爵。最早加入伦敦皇家学会的葡萄牙科学家是犹太医生艾萨克·德·塞奎拉·萨姆达（Isaac de Sequeira Samuda），他于牛顿逝世四年前的 1723 年入会。

伦敦皇家学会对于最新科学成果在学界的传播和在民间的普及起到了核心作用，并形成了自己的国际网络。学会的主要活动有：创办包括《皇

家学会会刊》（*Transactions of the Royal Society*）在内的专业期刊，制造科学仪器（图 22），以及促成科学家之间的勠力合作——这大大推动了天文学和测地学领域的发展（通过观察金星凌日，天文学家测算出了日地距离；借助长途旅行，测地学家计算出了子午线的弧度，并由此确定了"米"的长度）。科学自此成为全人类的共同事业，逐渐跨越了国界和语言的障碍（英语亦自此开始取代拉丁语，成为科学界的通用语言）。

图 22 中国皇帝赠予若昂五世的中国磁铁，由伦敦皇家学会英国会员威廉·杜古德（William Dugood）组装而成。如今，这件精美的文物收藏于科英布拉大学科学博物馆的物理实验室。

在伦敦皇家学会的葡萄牙籍成员中，还有几位所谓的侨居者（estrangeirados）。他们为了接触到更先进国家的文化而移居国外，但也一直与自己的祖国保持着密切联系，为葡萄牙的科学和文化发展做出了重要贡献。他们中有一些人再也没有返回葡萄牙，也有一些人选择回来报效祖国，例如本托·德·莫拉·波尔图加尔（Bento de Moura Portugal），他在德国被誉为"葡萄牙的牛顿"，可惜回国后不幸被捕，最终落得个冤死狱中的凄惨下场。但是，无论是否选择回国，所有侨居者一直都心系祖国，例如雅各布·德·卡斯特罗·萨尔门托（Jacob de Castro Sarmento）和若昂·雅辛托·德·马卡良斯（João Jacinto de Magalhães）等人，不仅发回文稿，还寄回各种图画和仪器。还有一些外国科学家来到葡萄牙后留了下来，比如意大利的若昂·巴普蒂斯塔·卡尔博内神父（Padre João Baptista Carbone），他于 1709 年来到葡萄牙，原本打算从这里远航巴西去测量经度，以确定托尔德西里亚斯子午线途经何处，但最终留在了葡萄牙王宫，出任皇家天文学家并掌管天文台（图 23）。

这里我们先暂时离开正题，了解一段有趣的故事——严格来讲，它属于技术领域，并不属于科学的范畴，但它的确标志着 18 世纪葡萄牙科学的开端。1709 年，出生于巴西桑托斯、毕业于巴伊亚一所耶稣会学院的巴尔托洛梅乌·洛伦索·德·古斯芒（Bartolomeu Lourenço de Gusmão）（原名巴尔托洛梅乌·洛伦索）在科英布拉大学教义院进修时（当时他还未宣誓成为修道士），向国王若昂五世上书请求制造一架"可以在空中翱翔的飞行器"，这封请愿书的副本现藏于科英布拉大学总图书馆。古斯芒很快便收到了国王的特许状（现藏于东波塔国家档案馆）：

> 今特许请愿之人践行其发明创造。我邦及海外属地境内，若无请愿人或其继承人许可，无论何人、何时、何种原因，皆不得擅用。

这一奇思妙想很快传遍了五湖四海，有人赞叹不已，亦有人嗤之以鼻。奥地利的《维也纳日报》（*Wiennerisches Diarium*）在一期特刊中首次发表了一份葡萄牙宣传册的德译本，内含一幅"飞船"的假想图——这艘飞船被命名为"帕萨罗拉"（该词有"大鸟"之意，见图 24）。若昂五世将阿尔坎塔拉（Alcântara）皇家庄园赐予古斯芒，专用于制造飞船，后者埋头苦干，不出多久便告完工。1709 年 8 月，古斯芒气球（因为该发明实际上是一只小型热气球）的首次试飞在王宫举行。观众中除了葡萄牙王室，还有来自罗马教廷的圣座大使米开朗基罗·孔蒂（Michelangelo Conti），他后来成了教皇英诺森十三世（Inocêncio XIII）。孔蒂就其目击情况向梵蒂冈作

图 23　若昂五世的王宫。王宫的天文台在当时由耶稣会士若昂·巴普蒂斯塔·卡尔博内掌管。

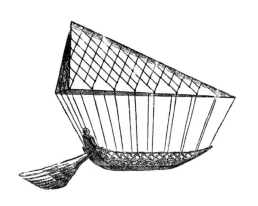

图 24　巴尔托洛梅乌·德·古斯芒发明的帕萨罗拉飞船，绘于科英布拉大学总图书馆收藏的一幅 18 世纪版画。不过实物远远没有普遍流传的概念图那么神奇。

了如下汇报：

　　此人早前请旨打造一飞行装置，近日于御前复旨，示以一几无重量之球状物：然其以烈酒（即酒精）猛火为动力，极为易燃易爆。初时，该装置未及离地便见起火；再次尝试，虽成功离地两芦苇之高，但仍以起火告结；此人力辩其发明并无危险，是以正着手重制一更大之装置。

　　据推测，古斯芒后来可能又做过几次实验，但均以失败告终，不得已只能放弃这一雄心壮志。不过，科技史的相关书籍均承认，虽然未能载人，但古斯芒的确是最早进行热气球升空实验的人。

　　古斯芒的结局十分凄惨。他化名躲避宗教裁判所的追捕，最终在托莱多（Toledo）死于劳累与病痛，终年仅 39 岁。宗教裁判所并不是因为古斯芒的发明（他还制造过一种从船上排水的装置，并在荷兰注册过专利）而追捕他的，而是因为他被指控信仰犹太教——这在当时是一项足以让人万劫不复的指控，因为所有人（包括国王本人）都对观看针对犹太教徒们的信仰审判仪式乐此不疲。和古斯芒一起逃亡的亲兄弟后来被捕，不得不向马德里宗教裁判所承认其"罪行"。

　　了解完古斯芒和热气球的故事之后，我们言归正传，继续介绍伦敦皇家学会的其他葡萄牙会员。上文提到的卡尔博内神父是耶稣会士，而学会中另有两名葡萄牙会员是圣讲者。圣讲会是菲利佩·德·内里神父（Filipe de Nery）于 1565 年在罗马建立的教团。圣讲者同样对科学有着浓厚的兴趣，但相较耶稣会士而言更加与时俱进，在教授自然哲学时秉承折中主义（ecletismo），将古典的亚里士多德理论与现代的伽利略和牛顿学说兼容并举。在这种新的教学模式中，不可或缺的就是天文观测和科学实验。葡萄牙科学界最杰出的圣讲者是若昂·舍瓦利埃（João Chevalier）和特奥多罗·德·阿尔梅达（Teodoro de Almeida）。舍瓦利埃的母舅卢伊斯·安东尼奥·维尼（Luís António Verney）也很有名。维尼是移居到费拉拉的“侨居者”，著有《真正的学习方法》（*Verdadeiro Método de Estudar*，1746）——这部作品抨击了葡萄牙社会的陈规陋习，颇受争议。舍瓦利埃则在担任布鲁塞尔科学院（Academia das Ciências de Bruxelas）图书馆馆长后，升任科学院院长。

阿尔梅达的最大成就是撰写了一部科普作品——《哲学消遣：有关自然哲学的对话》（*Recreação Filosófica ou Diálogo sobre a Filosofia Natural*）。该书参照伽利略的《关于两门新科学的对话》和奥尔塔的《印度方药谈话录》中采用的对话形式进行写作，在葡萄牙国内外都引发了热烈反响（累计出版过 50 多个版本）。舍瓦利埃和阿尔梅达都曾在内塞西达迪什宫（Casa das Necessidades）（见图 25）

图 25　位于里斯本的内塞西达迪什宫（Palácio das Necessidades），曾经是葡萄牙圣讲会总部，现为葡萄牙外交部。

任教和工作，该机构在 18 世纪时配有各种天文观测和力学实验所需设施。

　　同样，在葡萄牙科学发展的这一光辉时期居功甚伟的还有国王若昂五世及其子若泽一世，他们都对耶稣会和圣讲会给予了极大的支持。若昂五世热爱科学，不仅在王宫中修建起一座皇家天文台（后毁于 1755 年里斯本大地震），还亲自参与了几场天文观测，其中第一次观测是在 1723 年由掌管皇家天文台及圣安唐天文台的卡尔博内神父组织的。若泽一世还是王子时就在内塞西达迪什宫培养起浓厚的科学兴趣。那里的许多科学仪器都是由葡萄牙王室委托伦敦最好的工坊制造而成的（伦敦在当时是世界的科学中心）。因此，在彭巴尔改革开始之前的 20 年，圣讲会就有了现代科学的教学和实践活动。圣讲会的科研活动最初于 1667 年在希亚多之家（Casa do Chiado）展开，后于 1745 年迁至内塞西达迪什宫。然而，面对彭巴尔对圣讲会的政治迫害，机构骨干教师舍瓦利埃和阿尔梅达不得不流亡海外。

　　1753—1757 年，若昂·舍瓦利埃在内塞西达迪什宫对日食和月食现象进行了天文观测。1759 年，他观察了哈雷彗星的回归，此前他就曾在与法国天文学家德利斯莱（Delisle）通信时告知过对方彗星即将回归的消息。1761 年，舍瓦利埃深感大祸临头，不得不逃往布鲁塞尔，后升任布鲁塞尔皇家科学与文学院（Academia Imperial e Real das Ciências e Letras de Bruxelas，日后更名为比利时皇家学院）院长，再也没有回归祖国。

　　另一位圣讲会科学家特奥多罗·德·阿尔梅达则为最新科学成果在葡萄牙和西班牙的普及作出了巨大贡献。然而，他的革新主张却遭到了葡萄牙文化界保守派人士，尤其是一些耶稣会士的强烈反对，甚至被指控为异端邪教。他的代表作《哲学消遣》（图 26）首卷出版于 1751 年，代表着当时葡萄牙已经开始拥有与时俱进的教育和现代科学文化。

　　阿尔梅达在 1745—1760 年的教学和科研活动为他 1772 年在科英布拉实施的教育革新打下了坚实的基础。例如，科英布拉创建物理实验室时所覆盖的大部分学科领域，其实在 18 世纪 50 年代初就已成为阿尔梅达的研

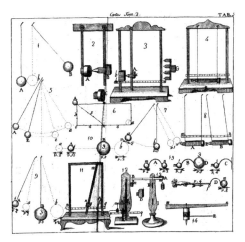

图 26　圣讲会神父特奥多罗·德·阿尔梅达所著《哲学消遣》第一卷，出版于 1751 年，是葡萄牙最早的科学普及巨著。

图 27　特奥多罗·德·阿尔梅达所著《狄奥多西斯给欧金尼奥的物理和数学信件集》(Cartas Fisico-Mathematicas de Theodozio a Eugenio...)(1784—1798)附录中的图例，展示了一些牛顿力学的演示仪器。该书分为两卷，可视为对《哲学消遣》的补充。

究旨趣。此前，位于内塞西达迪什宫的物理实验室内进行的科学实验就已经足可与国际标准接轨，仪器设备一应俱全，制作精良，引得众多科学家在著作中对其大加称赞（图 27）。这间实验室也正是当时还是王子的若泽一世学习的地方。

　　由于彭巴尔侯爵发起的反教会运动，阿尔梅达被迫离开里斯本，四处逃亡。1760 年，他流落波尔图，在那里观察到了金星凌日；1768 年被迫再次逃亡，这次是去了西班牙，然后又去了法国，直至 1778 年才回到葡萄牙。驻留法国期间，阿尔梅达与另一位著名的"侨居者"安东尼奥·里贝罗·桑谢斯（António Ribeiro Sanches）保持着通信联系。即便在流亡中，他对葡萄牙文化的影响也从未中断。1779 年，他作为创始成员之一，仿照其他欧洲国家首府的同类机构创建了里斯本皇家科学院（Academia Real das Ciências de Lisboa，亦称里斯本科学院）。在那里，他组织开展了一系列令人称道的科学活动，直至去世。

彭巴尔改革中也不乏"侨居者"的活跃身影。彭巴尔改革的执行校长由出生于里约热内卢的圣弗朗西斯科·德·莱莫斯（D. Francisco de Lemos）担任（他还兼任科英布拉主教，以接替先前遭彭巴尔侯爵逮捕的主教）。莱莫斯后来在玛丽亚一世时期再次担任校长，但早已没有了第一次任期的辉煌，更因向法国侵略者投降而为人所不齿。

当时还有一位伟大的学者，尽管遥居海外，但同样对彭巴尔改革的思想体系构建做出了贡献，他就是前文提到的里贝罗·桑谢斯。他曾在科英布拉学习医学，后来在萨拉曼卡获得博士学位。然而，由于他的犹太血统，桑谢斯先是被迫移居荷兰，然后是俄罗斯，最后去了法国（并在那里皈依了天主教）。桑谢斯曾在莱顿师从著名的荷兰医生赫尔曼·布尔哈夫（Herman Boerhaave），并经后者推荐前往俄罗斯，一去便是 16 年。在俄罗斯，桑谢斯成了宫廷御医，分别在 1740 年和 1744 年服侍女皇安娜一世·伊万诺夫娜和叶卡捷琳娜二世。他撰写的《有关青年教育的书信集》（Cartas sobre a Educação da Mocidade，1760）倡导学校去宗教化以及教育现代化，成为葡萄牙大学改革的启蒙书籍之一。他将葡萄牙帝国衰落的原因归结为教会的不良影响，坚持教育改革才是社会发展和经济转型的关键。他提倡创办对所有国民开放的公立学校，尽管他在学生之间是否需要完全的平等这一点上有所保留，认为贵族精英应当受到更特别的教育：

> 无论是宗教还是世俗的历史上，最圣明的君主都懂得通过创建公立学校，将人民的教育掌握在自己手中，让人民在那里养成美德，获取可以用于报效国家的科学知识。

桑谢斯强调科学和实验的重要性，这一理念恰合启蒙主义精神：

医生在对人体各器官做实验研究时需要手眼合一,在做理论研究时亦是如此:医学研究需要观察,需要动手,需要刨根问底的精神;这门科学需要达到这种境界,而这种方法是达到这种境界的最佳途径。

另一位助力彭巴尔改革的"侨居者"是雅各布·德·卡斯特罗·萨尔门托医生,他也是一位犹太人,因惧怕宗教裁判所(图 28)而流亡英国,是最早用葡语评介牛顿学说的学者。

萨尔门托和桑谢斯一样,也曾在科英布拉学习医学。1721 年,他定居伦敦,但依然与葡萄牙国内保持着密切联系。他在苏格兰的阿伯丁大学(Universidade de Aberdeen)获得博士学位,并于 1730 年加入伦敦皇家学会。第一本对牛顿学说进行译介的葡语著作正是由萨尔门托所写——《潮汐的真正原理:古今无双的艾萨克·牛顿爵士的思想概述》(*Theorica Verdadeira das Marés, Conforme à Philosophia do Incomparável Cavalhero Isaac Newton*)(1737),该书出版于伦敦。有关牛顿,他写道:

在谈起艾萨克·牛顿爵士之名时,英国人所表现出的那种无限敬仰和崇拜之情,就算不超过、也至少等同于对古代所有最崇高的立法者的敬仰和崇拜之总和。

自航海大发现时代的荣光不再后,葡萄牙科学便一蹶不振,直至 18 世纪才重获活力,而科英布拉大学改革无疑是这一时期葡萄牙科学发展的最高光时刻。改革由若泽一世时期独揽人权的首席国务大臣——彭巴尔侯爵于 1772 年发起(图 29)。是年,彭巴尔侯爵作为王室全权代理大臣来到科英布拉大学,下达了由改革委员会制定的新章程。据《科英布拉大学简史》(*Compêndio Histórico da Universidade de Coimbra*)记载,该委员会对耶稣

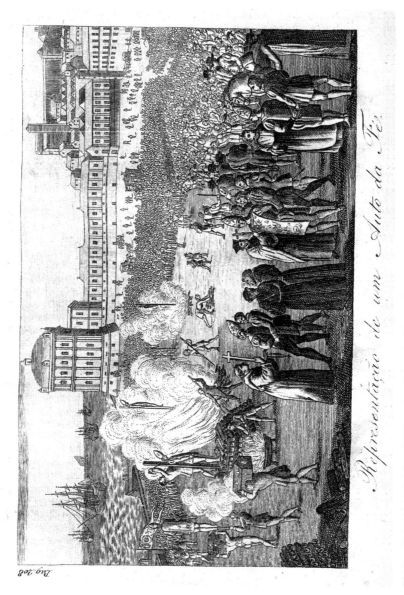

图 28 18 世纪在里斯本举行的信仰审判。伏尔泰在《老实人》中写道，葡萄牙的信仰审判是由科英布拉宣布学者们为了预防地震而举行的，这实际上是一种虚构的说法（事实是，宗教裁判所曾将科英布拉的教授处以火刑）。

会的教学活动进行了全面批判。彼
时，耶稣会士早已于 13 年前在葡萄
牙全境（包括其殖民地）遭到驱逐，
尤其是在耶稣会各主要高校所在的科
英布拉、里斯本和埃武拉。后来，西
班牙和意大利也相继效仿。最终，耶
稣会被教皇下令遣散。

　　继大地震后对里斯本实施的现代
化改造之后，彭巴尔侯爵又在科英布
拉大学推行了颠覆性改革，由此引发
了一场真正的学界地震。彭巴尔在科
英布拉新建了两所学院：旨在加强数
学教育的数学院和强调实验教学的哲

图 29　彭巴尔侯爵，若泽一世的首席国务大臣。

学院（这里指自然哲学），两所学院互为补充。此外，数学院增设天文台，
哲学院增设物理实验室（该实验室接管了来自里斯本皇家贵族学院和内塞
西达迪什宫的大量仪器）、博物学实验室、化学实验室（今为科英布拉大学
科学博物馆主楼）和植物园。天文台最初计划建在植物园附近的古城堡之
上（今为迪尼斯一世雕像所在地），但最后因故未能完工。耶稣学院的一楼
拨予物理实验室和博物学实验室使用，而原先耶稣学院和艺术学院共用的
食堂则改建为化学实验室。

　　改革时期科英布拉大学的著名科学教授有：数学院的若泽·蒙泰
罗·达·罗沙（José Monteiro Da Rocha），他是一位曾在巴西学习的耶稣
会神父，以及若泽·阿纳斯塔西奥·达·库尼亚，他不仅在科学领域有所
建树，而且在文学方面颇有造诣，并将诗学这一学科发扬光大；哲学院的
乔瓦尼·德·达拉·贝拉（Giovanni de Dalla Bella）和多梅尼科·范德利
（Domenico Vandelli），二人均为意大利帕多瓦大学教授，应彭巴尔侯爵之

召来到科英布拉之前，曾在里斯本皇家贵族学院短暂执教。该贵族学院建于科托维亚修道院（Noviciado da Cotovia）旧址，今成为里斯木大学科学博物馆主楼。

1759年，蒙泰罗·达·罗沙在巴西学习时，正逢哈雷彗星回归。于是，年仅25岁的罗沙就在巴伊亚的萨尔瓦多（Salvador）撰写了一份论文手稿，题为《彗星的物理数学系统》（*Sistema FisicoMatemático dos Cometas*）。该论文分析了彗星的物理特性以及计算彗星周期的方式。这份手稿此前从未出版，一直尘封于埃武拉公共图书馆，直到 2000 年才被一位巴西研究人员发现。1772 年，蒙泰罗·达·罗沙被任命为数学院的物理和数学教授。之后，他负责建立并掌管科英布拉天文台（图 30），并出版了天文台的《天文观测日志》（*Efemérides Astronómicas*）。

数学院的另一位著名教授阿纳斯塔西奥·达·库尼亚于 1773 年成为几何学教授。他曾在里斯本科学院举办的一次竞赛中，指控同事蒙泰

图 30　科英布拉大学天文台。天文台建于 1799 年，坐落在若昂尼娜图书馆对面的学校场院，20 世纪 40 年代被萨拉查独裁政府下令拆除，理由是为了保证从学校宫殿（Paço das Escolas）（古为葡萄牙王宫）的拉蒂娜大道（Via Latina）上眺望河景的开阔视野。

罗·达·罗沙的获奖论文涉嫌抄袭，二人因此交恶。玛丽亚一世即位后，彭巴尔侯爵随即倒台。库尼亚也被宗教裁判所处以监禁，罪名是曾在随部队驻扎瓦伦萨时与新教徒交往，并传播"对青年有害"的思想。后来，他去了里斯本，在由皮亚之家（Casa Pia）创办的圣卢卡斯学院（Colégio de São Lucas）教授数学。库尼亚在法国数学家柯西（Cauchy）之前就已经对数列的收敛性作出了明确定义，但其学术贡献直到他死后才得到了应有的重视和认可。

在科英布拉大学哲学院下设物理实验室是彭巴尔改革最重要的举措之一。该实验室内仪器数量巨大，种类丰富（据说比帕多瓦大学物理实验室的仪器还要多）。这些仪器本是此前彭巴尔侯爵计划用于里斯本皇家贵族学院物理实验室的，虽然从意大利请来了几位教授助阵，但最后该计划无果而终。因此，这批仪器在1773年被运往科英布拉的物理实验室，负责运行实验室的物理学家达拉·贝拉也随行来到了科英布拉。彭巴尔改革推行后，科英布拉大学也开始有了实验物理课，教学水平名列欧洲前茅。达拉·贝拉所著拉丁文三卷本《物理学纲要》（*Physices Elementa*）（1789—1790）是由彭巴尔改革孕育的第一本物理学著作，其科学先进性有目共睹。

物理实验室里共有约600件仪器，有从国外进口的，也有在葡萄牙仿制的。这里必须要介绍一位享誉世界的葡萄牙科学仪器设计师，他也是一位"侨居者"：若昂·雅辛托·德·马卡良斯。马卡良斯（这一姓氏[1]也表明他是航海家斐迪南·麦哲伦的后裔）曾在科英布拉的圣克鲁斯修道院学习。1756年离开葡萄牙后，他移居法国，后于1764年永久定居伦敦。马卡良斯曾经直言，他不想继续生活在连个体自由都得不到保障的国家。在英国，他与当时最杰出的欧洲科学家们携手合作，来往甚密。此外，他还成功地将英国制造的科学仪器推销到整个欧洲市场，其中一些就是由他亲

---

[1] 二人姓氏在葡语中均为"Magalhães"，音译为"马卡良斯"，但因麦哲伦为历史著名人物，故取其习惯译名。——译者注

自设计的。马卡良斯在科学界远近闻名，其影响力可从里斯本延伸到圣彼得堡，甚至美国。马卡良斯是多个国家和城市（包括里斯本、伦敦、布鲁塞尔、柏林、圣彼得堡、费城等）的科学协会会员或创始人。受葡萄牙王室所托，马卡良斯为葡萄牙运来了一批又一批天文、物理和航海仪器，并亲自监制。他也曾给科英布拉寄送了一套部分由他改良过的物理和天文仪器。

与马卡良斯有所往来的著名科学家包括普利斯特里、瓦特、布拉克、拉瓦锡、伏特和富兰克林等人。除了科学家和仪器技术员的身份，马卡良斯还热衷于科学新思想的传播与推广，以至于曾被指控从事"商业间谍"活动。例如英国化学家约瑟夫·普利斯特里（Joseph Priestley）（氧气的发现者之一）、伯明翰月球协会的苏格兰热力学家詹姆斯·瓦特（James Watt）和约瑟夫·布拉克（Joseph Black）（分别是蒸汽机的发明者和二氧化碳的发现者）等，他们的学说正是在这位约翰·麦哲伦（John Magellan，这是马卡良斯在英吉利海峡另一边的名字）的推动下，才得以传播到法国。马卡良斯最杰出的著作之一是《有关火元素和物体热量的新理论》(*Essai sur la nouvelle théorie dufeu elementaire, et de la chaleur des corps*)，这部作品最初于1780年在伦敦出版，其主体内容于1781年在巴黎的《物理学刊》(*Journal de Physique*)上以论文形式发表。众所周知，"热容量"这一概念在由布拉克（他发现不同的物质会以不同的速率吸收热量）进一步定义后，最早由瓦特进行测量。但是，第一张热容量表（或是用另一个马卡良斯更喜欢的、如今已普遍使用的名称——"比热容"）其实就是在马卡良斯的这部著作里发布的。此作甚至启发了同时代的两位科学巨擘——拉瓦锡和拉普拉斯的著作《论热量》(*Mémoire sur la chaleur*)（1783）。就这样，通过一点一点地将热量和温度区分开来，热力学逐渐成为了一门独立的学科。

总部位于费城的美国哲学学会（Sociedade Filosófica Americana）由

物理学家兼外交官本杰明·富兰克林（Benjamin Franklin）于 1743 年创立。美国机构至今仍在颁发的科学奖项中，最古老的奖项之一名为"马卡良斯奖（Magellanic Premium）"，正是由美国哲学学会于 1786 年凭借若昂·雅辛托·德·马卡良斯捐赠的 200 几尼金币而设立的。因此，该奖项以"马卡良斯"命名，旨在奖励"航海、天文学或自然哲学（博物学除外）领域的最杰出发现或最实用发明的所有者"。"马卡良斯奖"享有巨大的声望，著名获奖者包括：两名大爆炸理论家罗伯特·赫尔曼（Robert Herman）和拉尔夫·阿尔法（Ralph Alpher，1975 年获奖），以及脉冲星的发现者约瑟琳·贝尔·伯奈尔（Jocelyn Bell Burner，2000 年获奖）。

不过，要论 1772 年彭巴尔改革中最重要的工程，不是物理实验室的建造，而是化学实验室（图 31）。化学实验室几乎是从零开始建设的，坐落于物理实验室所在的耶稣学院对面。

也正是在那个年代，化学这门学科才在普利斯特里和拉瓦锡的推动下重获新生，冲破了炼金术的禁锢，摒弃了古希腊"四元素说"以及"燃素说"等错误观念。彭巴尔侯爵在创办哲学院时开设了化学课，并请来范德利出任讲师。为了保证化学课程中的实践课能够顺利开展，彭巴尔侯爵令英国建筑师吉列尔梅·埃尔斯登（Guilherme Elsden）建造了一座新的建筑，作为化学实验室。这座建筑现已修葺一新，成了科英布拉大学的科学

图 31　科英布拉大学化学实验室。建于 1773 年，今为科英布拉大学科学博物馆，该馆于 2006 年开放，首展题为"光与物质的秘密"。

博物馆。化学实验室从 1773 年开始动工，两年后落成；与此同时，化学作为全新的实验课程，其筹备工作也正在紧锣密鼓地进行。

为了更好地理解所谓的化学革命，这里需要对学科确立之前的 17—18 世纪化学（或者说是炼金术）的发展进程作一下简要回顾。

在成为一门现代科学的学科之前，化学被称为炼金术，人们将其用于强身健体——这就是炼金术不断发展的动力之一。比利时医生兼化学家扬·巴普蒂斯塔·范·海尔蒙特（Jan Baptista van Helmont）的化学医学（iatroquímica）理论称：人体器官的运作基于一系列化学过程和反应。尽管这一想法大体上是正确的，但它与现代化学和药学之间仍有着巨大的鸿沟。17 世纪风靡欧洲的所谓"秘方"，本质上就是由某些被认为有益于人体健康的化学物质组成的、药效存疑的土方子。这些化学物质中最贵重的就是黄金，但在实际使用中经常被替换为更廉价的锑。例如，1694 年大力宣传的所谓"永久药丸（pílula perpétua）"，其实就是一只用于口服的锑球，在体内发挥作用后，与粪便一起排出即可。也许这"药丸"的确是"永久"的，因为只需把它冲洗干净，就可以给另一位病人使用了……事实上，据各种药典记载，效果最好的药物就是用以锑为主要成分的"昆蒂尔洛粉（pós do Quintillo）"配制的，这种粉末以一位意大利化学家的名字命名，主要在马德里销售。扎库托·卢西塔诺（Zacuto Lusitano）在《医学原理史》（*De Medicorum Principium Historia*）（1629）中也提到了这些粉末，称经过他的检验，没有在粉末中发现任何黄金成分。他认为，将这种粉末作为药物服用相当危险，因为锑对于人体有百害而无一利。包括上述药物在内的多种药方都记载于当时的各种药典里，其中最值得一提的是若昂·库尔沃·塞梅多（João Curvo Semedo）的《药用红花》（*Polyanthea Medicinal*）（1667），以及圣卡埃塔诺·德·安东尼奥（D. Caetano de Stº. António）的《卢西塔尼亚药典》（*Farmacopea Lusitana*）（1704）和《卢西塔尼亚药典新编》（*Farmacopea Lusitana Reformada*）（1711）。这几部作为药学教材的药典是由专业药剂师所撰写的最古老的葡萄牙语处方集，其中详述了制备各种药物的实用方法。圣卡埃塔诺作为圣奥斯定诵经团司铎（Cónego Regrante de Santo Agostinho），早年在科英布拉的圣克鲁斯修道院担任药剂师，后来赴里斯本的圣维森特德福拉教堂（S. Vicente de Fora）任职。表 7 列举了 17—18 世纪初的药学著作。

<h4 style="text-align:center">表 7　17—18 世纪初的药学著作</h4>

1. 扎库托·卢西塔诺，《医学原理史》（1629）

2. 杜阿尔特·阿赖斯（Duarte Arraes），《论纯硫酸、硫酸盐等》（*Tratado dos Óleos de Enxofre, Vitriolo...*）（1648）

3. 若昂·库尔沃·塞梅多，《药用红花》（1667）

4. 圣卡埃塔诺·德·安东尼奥，《卢西塔尼亚药典》（1704）

5. 若昂·维吉耶，《里斯本药典》（1716）

6. 安塞尔莫·卡埃塔诺·德·阿布雷乌，《意念》（1732）

7. 约瑟夫·罗德里格斯·阿布雷乌，《医学史》（1733）

不过，最早在葡萄牙出版的有关药物化学技术的著作当数若昂·维吉耶（João Vigier）的《里斯本药典》（*Pharmacopeia Ulissoponense*）（1716），他是一位自 17 世纪末起在里斯本定居的法国药商，后来还成为了若昂五世的王国首席物理学家。维吉耶在 1714 年还出版过《阿波罗与伽林的遗产、化学、外科学与药学成果：济世药方大全》（*Thesouro Apollineo, Galenico, Chimico, Chirurgico, Pharmaceutico, ou compendio de remedios para ricos e pobres*）。他坚信只有药物能够改变自然，并将汞、酒精、硫黄（当时的"硫黄"指的是一切可燃和易燃的物质）和盐列为药物中的有效成分，足见其学识渊博。维吉耶还撰写了《论巴西多种植物和动物器官的效用和特性》（*Tratado das Virtudes e Descrições de Diversas Plantas e Partes de Animais*）（1718），里面描写了多种使用生长于巴西的植物和动物制成的药物。

　　当化学科学取代炼金术之后，以可食用金入药的处方就从葡萄牙语药典中永远消失了。当然，早在此之前，安塞尔莫·卡埃塔诺·德·阿布雷乌（Anselmo Caetano de Abreu）就已在 1732 年发表了论著《意念：点金石相关原理的应用》（*Ennoea ou Applicação do Entendimento sobre a Pedra Philosophal*）上册，次年又出版了下册，证明炼金术在当时已经过时。这一点在作者的出版授权书中展露无遗——他明确指出，炼金术终究只是镜花水月。还有一位姓阿布雷乌的医生——约瑟夫·罗德里格斯·阿布雷乌（Joseph Rodrigues Abreu）则著有《医学史：基于格奥尔格·恩斯特·斯塔尔的理论》（*Historologia Médica, Fundada e Estabelecida nos Princípios de George Ernesto Stahl*）（1733），在里斯本出版。正是通过这部著作，德国医生格奥尔格·斯塔尔的理论体系才得以传入葡萄牙。这部作品依据斯塔尔体系，详细描述了多种病理和疗法。约瑟夫·阿布雷乌在该体系的基础上论证，一切自然物体都遵循某种非物质的活动准则。斯塔尔体系又称"燃素说"，认为构成一切物体的基本化学成分是一种类似炼金术中硫黄元素的微粒，即"燃素（flogisto）"，这个术语本身亦表明了它的可燃性。

　　医生卡斯特罗·萨尔门托则对布尔哈夫物理医学思想在葡萄牙的引入功不可没。布尔哈夫物理医学对人体的观察是基于物理定律的，与之前的化学医学相对立。萨尔门托还推动了所谓的"英国之水"在葡萄牙的普及应用——这是 18 世纪广为流行的秘方之一，通过将金鸡纳树皮放入水中煮沸而获得。

　　科英布拉化学实验室亦是世界上第一座专为现代化学教学而打造的建筑。自 18 世纪末至 19 世纪初曾在该实验室任教的著名化学教授有：多梅尼科·范德利、维森特·塞阿布拉·特莱斯（Vicente Seabra Teles）、托梅·罗德里格斯·索布拉尔（Tomé Rodrigues Sobral）和若泽·博尼法西奥·德·安德拉达－席尔瓦（José Bonifácio de Andrada e Silva）等。

　　1764 年，范德利来到葡萄牙，成为助力葡萄牙科学教育改革的意大利教授之一。范德利的著作以及与瑞典博物学家卡尔·林奈的往来信件令他声名鹊起，成了一位在国际科学界赫赫有名的博物学家，造访意大利的葡萄牙人均对此有目共睹。因此，彭巴尔侯爵决定请他来里斯本皇家贵族学院任职。1772 年，范德利投身于在科英布拉大学展开的彭巴尔改革，并负责化学实验室和科英布拉植物园的筹备和组建工作。这座完建于 1774 年的科英布拉植物园，并非葡萄牙的第一座植物园：早在 1765 年，范德利就曾设计了阿茹达宫植物园（Jardim Botânico do Palácio Real da Ajuda），只不过这座植物园并无学术研究目的，而是用于消遣娱乐。除了博物学家这个身份，范德利在经济学和金融学领域的建树也同样不容小觑。鉴于范德利在多个领域取得的学术成就，加之其崇高的社会地位，也就不难理解为何他享得如此盛名了。他还曾在科英布拉开办范德利牌陶瓷工厂，经营数十载不衰。他虽然在科英布拉任教，但大部分时间是在首都里斯本度过的。从科英布拉大学退休后，他便全身心地投入到了里斯本科学院的筹办工作当中。该机构出版的《经济论丛》（*Memórias Económicas*）收录了范德利论述科学知识与经济发展之间关系的相关作品。

范德利最杰出的学生中有一位巴西博物学家——亚历山大·罗德里格斯·费雷拉（Alexandre Rodrigues Ferreira）。他在 1783—1792 年深入亚马孙雨林，进行了一次"（自然）哲学之旅"，并采集了许多生物样本，送到了里斯本植物园附近的阿茹达皇家博物馆（Museu Real da Ajuda）和科英布拉大学博物学实验室。其间，他在非洲（安哥拉和莫桑比克）又进行了好几次哲学之旅。

另一位科英布拉著名化学教授维森特·塞阿布拉·特莱斯也是范德利的得意门生。他出生于巴西（与若泽·博尼法西奥和巴尔托洛梅乌·德·古斯芒并列为 18 世纪巴西三大重要人物），以优异的成绩从科英布拉大学哲学院毕业后，又于 1791 年修完了医学课程。同年，塞阿布拉被任命为化学和冶金学助教。他协助教授，在化学实验室大门前进行了多

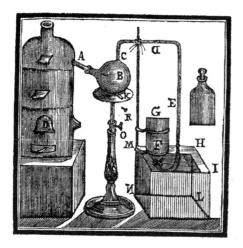

APPARELHO PNEUMATO-CHIMICO
COM BALAŎ.

图 32　维森特·塞阿布拉·特莱斯所著《化学纲要》（1788）一书中的插图，描绘了当时非常流行的气动力学（即有关气体的科学）的化学分支。

次热气球试飞实验。1788—1789 年，塞阿布拉还是一名医科生时，便出版了葡萄牙语著作《化学纲要》（*Elementos de Chimica*）（图 32）。该书"在梳理出所有化学家的观点之余"，提出了"一种基于丝丝入扣的逻辑推理和实践经验而得出的全新理论"。该书分为上下部，分别在法国化学家拉瓦锡的传世之作《化学概要》（*Traité elementaire de chimie*）（1789）问世之前和之后出版。值得

称道的是，塞阿布拉在《化学纲要》上部就已经阐述出了拉瓦锡化学理论的主要观点，推翻了早前的燃素说。但不幸的是，塞阿布拉未及不惑便英年早逝了。

　　1789 年，法国大革命爆发，也是法国新历的第一年。同年，拉瓦锡的《化学概要》问世，标志着现代化学的诞生。然而，1794 年 5 月，身为贵族的拉瓦锡被推上了巴黎革命广场的断头台，成了丧生于断头台的最伟大的人物（共和国竟不需要智者！）。法国数学家约瑟夫－路易斯·拉格朗日（Joseph-Louis Lagrange）痛心疾首道："他们只一瞬间就砍下了这颗头，但恐怕要再过一百年才能找到一颗同样伟大的脑袋了。"其实，从某种意义上来讲，拉瓦锡之于化学，正如牛顿之于物理学。1772 年，一个问题让年轻的拉瓦锡百思不得其解：根据当时的"燃素说"，燃烧反应会消耗"燃素"，那么，为什么煅烧过的金属反而会变重呢？经过一系列精确的称量，

他证实了自己的猜想：在燃烧中有（部分）空气与金属结合。随后，他将这一发现以加急文件的形式递交给了法国科学院。事实上，我们现在都知道燃素的确不存在，空气中燃烧的部分是氧气——尽管当时氧这种物质还不为人知，但人们已经认识到空气并不是元素，氧元素才是。聪明的拉瓦锡通过一系列实验，最终得出了结论：化学反应中的质量守恒——这就是著名的拉瓦锡定律。

在英吉利海峡的另一边，现代化学同样正在蓬勃而生。1772 年，英国化学家约瑟夫·普利斯特里根据他对利兹啤酒生产过程的观察，发表了一篇题为《将固定气体注入水中》（*Impregnating Water with Fixed Air*）的文章。所谓"固定气体"就是我们现在所说的二氧化碳，而这种充气水也就是如今的气泡水。与氧气正相反，二氧化碳会使火焰熄灭。1774 年，普利斯特里用凸透镜聚焦阳光加热氧化汞，发现产生了一种能让火焰燃烧得更旺的气体，即氧气。不过他当时还不知道，瑞典药剂师卡尔·威廉·舍勒（Carl Wilhelm Scheele）在不久前就已经发现了氧气的存在。1775 年，普利斯特里在《针对几种气体的实验和观察》（*Experiments and Observations on Different Kinds of Air*）一文中公开了这一新发现。1774 年当选为伦敦皇家学会会员的马卡良斯，在将普利斯特里的科研成果从英国传到法国的过程中发挥了关键作用。1772 年，他把普利斯特里有关"固定气体"的文章发送到法国科学院，得到了拉瓦锡的观读；1773 年，马卡良斯与拉瓦锡会面；1774 年，马卡良斯在巴黎把普利斯特里引荐给拉瓦锡。拉瓦锡肯定了由舍勒和普利斯特里几乎同时作出的新发现，并进一步将氧气（由拉瓦锡在 1778 年命名）定义为所有燃烧反应中的一种活性成分。他还发现，与动物截然相反，植物在白天呼吸的过程中会吸收二氧化碳，同时释放出氧气。1783 年，拉瓦锡谨慎地进行了一次合成实验，即通过氢气与氧气的燃烧产生水，并发现只有氢气与氧气的比例为 2∶1 时才能合成水。因此，和空气一样，古希腊四元素说中的另一个元素——水同样也不是元素，而且无论在空气中还是水中，都存在着氧元素。

第三位在葡萄牙化学发展进程中举足轻重的化学家正是"火药大师"托梅·罗德里格斯·索布拉尔。为抵御法国入侵，他曾将科英布拉化学实验室改造成了一座火药工厂，自此"火药大师"的名号便在法国军队中叫响。在马塞纳指挥的第三次入侵中，法军在布卡科战役得胜后占领了科英布拉。他们毫不犹豫地放火烧毁了这位化学教授的家宅，当时他正在撰写的一份化学论文手稿也就此遗失。在法国入侵战争之后（当然，他也作为学术营成员，参与了大学和祖国的保卫战），另一位科学界新星冉冉升起，他就是巴西矿物学家和冶金学家若泽·博尼法西奥·德·安德拉达－席尔瓦。博尼法西奥在科英布拉学成后曾赴欧洲（包括斯堪的纳维亚半岛）长期游历，回国后成为科英布拉的化学教授。博尼法西奥是一种含锂矿物的发现者之一，而锂正是元素周期表上的第三个元素（不过当时人们还没有发现第二个元素——氦）。他还在科英布拉化学实验室进行了多次金属冶炼实验。在近年的化学实验室修复工作中，人们发现博尼法西奥在冶金学领域贡献良多。但是真正让博尼法西奥在巴西历史上留名的，是他在1822年巴西独立进程中的种种事迹。

尽管彭巴尔改革有着如此重大的贡献，使得葡萄牙大学走向了现代化，但彭巴尔侯爵的行动与举措也并非都是有利于科学发展的。例如，他以不可理喻的激进态度发起了反耶稣会运动，此举对当时以耶稣会学院为主体的葡萄牙中等教育网络造成了严重破坏。此外，彭巴尔侯爵还将与他同为伦敦皇家学会会员的物理学家本托·德·莫拉·波尔图加尔囚禁致死。波尔图加尔发明过一款蒸汽机（图33），并在若昂五世的王宫里亲自展示了这台机器。蒸汽机最早是由詹姆斯·瓦特（马卡良斯的好友之一）发明的，多年后才被发明家加斯帕尔·若泽·马尔克斯（Gaspar José Marques）带去葡萄牙和巴西。遗憾的是，葡萄牙最早的两台蒸汽机都没能得到妥善利用：一台于1804年运抵位于菲盖拉达福什（Figueira da Foz）的布阿尔科斯煤矿，但从未装配使用；另一台在1811年运往巴西用于印刷货币，但运输船在途中沉没。

彭巴尔改革的另一项重要举措就是医学院的现代化改革。由曼努埃尔一世创建于下城区旧广场（Praça Velha）的科英布拉市医院搬迁至上城区的耶稣学院，与哲学院仅一墙之隔。新建的医院还配有解剖室和药房，可惜前者已经消失在了历史的长河之中。药房除了负责配制药品（随着化学学科的发展，制药技术也越来越先进），还用于药剂师的培训。以医学院为依托，塞巴斯蒂昂一世在科英布拉开设了新的药学研究课程。该

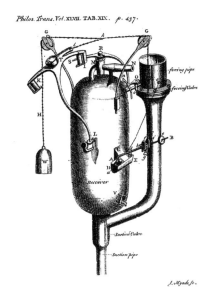

图33 本托·德·莫拉·波尔图加尔发明的蒸汽机示意图，载于《皇家学会会刊》的一篇文章中。这款"火机"曾得到蒸汽机车先驱之一——英国发明家约翰·斯密顿（John Smeaton）的推崇。

课程依然以实践为主，但不再只针对旧基督徒开放。

葡萄牙药学历史上最为精彩的故事之一，就是在1809年抗击瘟疫时，科英布拉化学实验室摇身一变，成了制药实验室。为了给空气消毒，托梅·罗德里格斯·索布拉尔教授在实验室制造了许多含氯消毒剂以及含氧盐酸，并无偿地为科英布拉的各处住宅、医院甚至街道进行消杀。然而，直到1891年，葡萄牙才有了第一个大型制药企业，即葡萄牙医疗公司（Companhia Portuguesa de Higiene）。

18世纪末，在若泽一世驾崩、彭巴尔侯爵下台后，里斯本科学院正式成立（图34），不仅吸纳了一批活跃于彭巴尔改革中的学者，还召回了一些曾被彭巴尔侯爵驱逐的科学家。

里斯本科学院于1833年迁至现址，这座建筑曾是耶稣会修道院总

图 34　里斯本科学院的贵族大厅和图书馆。1779 年，在拉菲斯公爵的推动下，玛丽亚一世下令在内塞西达迪什宫建立里斯本科学院，后迁至另一所修道院并存续至今。

部，坐落于科学院路（此路因此而得名）。在这座保留了宗教风格的建筑中，最令访客过目难忘的是它高贵宏伟的大厅——无数书本从地板一直堆到有着华丽彩绘的天花板。此外，里斯本科学院图书馆凭借其价值连城的文物收藏而跻身最著名的葡萄牙图书馆之列。最关键的是，科学院曾经发布的大量期刊文章都存放在那里。同属科学院的迈嫩塞博物馆（Museu Maynense）于 1779 年圣诞节前夕由玛丽亚一世创立，1780 年 7 月 4 日举行了公开的落成仪式，里面收藏着许多科学仪器。博物馆的馆训是："如我辈所为不堪实用，再多荣光亦作泡影"（Nisi utile est quodfacimus, stulta estgloria）。

　　里斯本科学院成立之时，整个欧洲都在争先恐后地组建科学院。彼时已经成立的科学院和学会有：罗马的猞猁之眼国家科学院（1603）、佛罗伦萨的西芒托（实验）学院（1657）、伦敦皇家学会（1660）、巴黎科学院（1666）、柏林科学院（1700）和布鲁塞尔皇家科学院（1772）——相比之下，里斯本科学院的成立并不算早。科英布拉大学的改革执行校长弗朗西斯科·德·莱莫斯在他的大学改革报告中，对这些外国科学院在推动科学发展方面所作的不懈努力表达了由衷的钦佩。莱莫斯校长表示，希望通过这次对科英布拉大学的科学研究进行的深度改革，让国家在 15 世纪的科学光彩能够重新绽放。但是，莱莫斯校长认为，不能仅由大学来承担这样一项艰巨的任务，科学院的存在也不可或缺。他写道：“英国和法国如此富足、艺术与和平如此繁荣，如果不是因为伦敦皇家学会和巴黎科学院的贡献，还能是何人之功？”

正如伦敦和巴黎的科学院一样，里斯本科学院自诞生起便承载了推动国家科学进步的使命。科学院下设的自然科学分院的第一批成员包括物理学家达拉·贝拉和博物学家范德利，还有科英布拉的数学课程改革者蒙泰罗·达·罗沙。而在科学院的开幕式上发表致辞的，是曾经身为葡萄牙实验物理学先驱的圣讲会神父特奥多罗·德·阿尔梅达。科学院首任院长则由拉菲斯公爵（若昂·德·布拉干萨公爵）担任，他此前因为反对彭巴尔的政令，被迫长期流广欧洲。拉菲斯公爵起草科学院章程时，由院长秘书若泽·科雷亚·达·塞拉（José Correia da Serra）从旁协助，他也被称为科雷亚·达·塞拉大神甫。

科雷亚·达·塞拉在 18 世纪中叶（因此在科学院成立时他已经 29 岁了）出生于塞尔帕（Serpa）。也许是由于他的家庭遭到了宗教裁判所的追捕（他的母亲有犹太血统），因此塞拉逃离了葡萄牙，前往意大利。他在意大利完成了学业，并宣誓加入了教会。在那里，他还结识了著名“侨居者”维尼。但塞拉并没有安居于意大利，而是走南闯北，四海为家。1777 年，塞拉回到了葡萄牙，在协助创办起里斯本科学院之后，又于 1795 年因回护一位法国博物学家而被迫逃往伦敦（很可能又是因为宗教裁判所的发难）。为躲避葡萄牙驻法大使的追捕，塞拉再一次从伦敦逃往巴黎，并在那里与一个法国女人生了一个儿子，名叫埃杜阿尔多（Eduardo），但他只能跟人说这是他的"侄子",很久之后才得以认其为子。因为不愿屈从于拿破仑的统治,塞拉大神甫再一次逃离法国,前往独立不久的美国,并在那里达到了事业的顶峰。由于经常陪伴在几位美国开国元勋身旁,他也引起了人们的关注。其中尤数托马斯·杰斐逊(Thomas Jefferson)与塞拉的交情最深,他是《美国独立宣言》的起草者之一,也是继华盛顿和亚当斯之后的第三任美国总统。杰斐逊曾说,塞拉是"他见过的最有学问的人",这话说得一点也不假。塞拉大神甫与杰斐逊携手,在美洲建立起一个全新的乌托邦,他们都希望这个新的文明能够比欧洲文明更加先进。北美洲划给美国,而南美洲划给葡萄牙。出人意料的是,明明一个是天主教神父,一个是无神论者,两人却成了志同道合的挚友。杰斐逊甚至在他位于弗吉尼亚州的蒙蒂塞洛庄园(Monticello)给塞拉留了一间客房,以便好友定期来访。直到今天,游客依然可以在参观蒙蒂塞洛庄园时看见这间"科雷亚大神甫之房(Abbé Corrêa's room)"。1812 年,塞拉来到费城,当时的美国总统已由詹姆斯·麦迪逊继任,他和杰斐逊同样也是一位哲学家。1816 年,这位葡萄牙博物学家成了"葡萄牙 - 巴西 - 阿尔加维联合王国驻美特命全权大使"(也就是今天所说的大使)。然而,塞拉的这份差事其实相当棘手:首先是因为当时驻留巴西里约热内卢的葡萄牙王室正在为伯南布哥起义焦头烂额,而这场起义的背后不乏部分美国人的推波助澜;其次是因为麦迪逊总统并不像前任总统杰斐逊那样热衷于市民会议,而从前塞拉总在这样的活动中如鱼得水。1820 年,即葡萄牙爆发自由革命当年,也是巴西独立前两年,塞拉回到了他的祖国。

科雷亚·达·塞拉是一位杰出的植物学家和地质学家。作为植物学家,他在分类研究上颇有建树,并与众多博物学家有过书信或见面往来,例如瑞典的卡尔·林奈、德国的亚历山大·冯·洪堡(Alexander von Humboldt)、法国的安托万 - 洛朗·德·朱西厄(Antoine-Laurent de Jussieu)和乔治·居维叶(Georges Cuvier)。作为地质学家,塞拉曾在美国肯塔基州进行实地勘察。宾夕法尼亚大学曾经向他发出过任职邀约，但因有外交官公务在身，他只能拒绝——若非如此，他就将成为美国历史上的第一位葡萄牙教授。不过他担任过刚刚成立的弗吉尼亚大学的顾问。他与当时的众多科学界知名人士都有过交集，例如著名的伦敦皇家学会会长约瑟夫·班克斯（Joseph Banks）和植物学家、医生、建筑师兼哈佛大学教授雅各布·毕格罗（Jacob Bigelow）等。因此，塞拉在美国被尊称为"葡萄牙的富兰克林"。至于葡萄牙这边，除了拉菲斯公爵之外，他还与范德利和布罗特罗有过见面交流或者书信往来。

里斯本科学院在 18 世纪因葡萄牙海军军医贝尔纳尔迪诺·安东尼奥·戈梅斯（Bernardino António Gomes）为抗击天花创办的疫苗研究所（Instituição Vacínica）而声名远扬。戈梅斯也曾为抗击疟疾做出过杰出贡献，开发了从金鸡纳树皮中提取奎宁（金鸡纳霜）的方法。

19 世纪初，原先跻身于世界顶尖强国之列的葡萄牙，在经济方面正迅速地被越来越多的国家远远甩在身后。虽然葡萄牙的国内生产总值亦有所增长，但增速根本不敌乘上了工业革命这辆"高速列车"的其他欧洲国家和美国。实际上，19 世纪的葡萄牙还远没有 18 世纪那样开放和进步。里斯本科学院亦随之走向衰落。在以米格尔一世篡位为契机的君主专制复辟前夕，科雷亚·达·塞拉曾在一份全国报纸上对里斯本科学院作出了如下批评："我们不缺科学，也不缺知识（甚至都有些泛滥了）。我们缺的是农业，缺的是商业，缺的是工业……大多数学者……只会招摇撞骗，见恶于人民。"1823 年，一位政客在公共广场痛斥："花了这么多钱搞科学，最后搞出来了个什么名堂？"塞拉之子埃杜阿尔多在随同父亲久居海外、终归祖国之后，对他眼前的里斯本评论道：这是一个"被无数愚昧而迷信的僧侣、神父和修士盘踞的泥潭，他们成天在琢磨如何让这个国家继续这样落后下去"。最后，他总结道："在葡萄牙，但凡为自然之造物，必定美上加美；但凡经人类之矫饰，必定丑上加丑。"

19世纪最杰出的葡萄牙科学家之一当数植物学家费利克斯·德·阿韦拉尔·布罗特罗（Félix de Avelar Brotero）。他著有大量具有国际影响力的作品，与科雷亚·达·塞拉一直保持书信来往。彭巴尔改革后，科英布拉大学哲学院于1791年首次对培养方案进行了修改，增设植物学和农学课，以取代原先在一年级开设的理性哲学课。于是，布罗特罗被任命为植物学教授。布罗特罗曾在马夫拉宗教学院（Colégio dos Religiosos de Mafra）学习，期间展现出了他的声乐天赋，并由此争取到了里斯本大教堂的唱诗班牧师之职。后来，他陪同躲避宗教裁判所的诗人菲林托·埃利西奥（Filinto Elísio）一起移居法国。在法国巴黎，他与当时法国最杰出的博物学家们均常有往来，包括布冯伯爵乔治-路易·勒克莱尔（Georges-Louis Leclerc, conde de Buffon）、乔治·居维叶和让·巴蒂斯特·德·拉马克（Jean Baptiste de Lamarck）等。他在兰斯大学获得了医学博士学位，但后来并没有从事医学工作。回到葡萄牙后，布罗特罗被任命为科英布拉大学哲学院教授，在培养方案的修改工作中起到了决定性作用，并直接促成了植物学和农学课的开设，科英布拉植物园也在他的努力下得到了很好的发展（图35）。同时，他也是多个国家的科学院成员。

这里可以再讲一个18世纪葡萄牙科学史上的趣事，它的主人公与那位发明"飞船"的古斯芒（Gusmão）一样，也是一个喜欢"孤军奋战"的人——他就是马耳他骑士团骑士兼法律专家迪奥戈·德·卡尔瓦略-桑帕约（Diogo de Carvalho e Sampayo）。他于1787年在马耳他定居时，出版了《论色彩》（*Tratado das Cores*）（图36）。

桑帕约从科英布拉法学专业毕业之后，在彭巴尔改革期间担任科英布拉市法官。1783年，他赴葡萄牙北部的维亚纳-杜卡斯特罗（Viana do Castelo）工作，两年后乘船前往马耳他。1788年，他回到葡萄牙，一年后迁居马德里并担任大使。1801年，他再次回到家乡拉梅戈（Lamego）并做起了农夫，结婚不久后于1807年去世。桑帕约在色彩研究上的造诣，全

图 35　科英布拉大学的植物园，由多梅尼科·范德利创建，费利克斯·布罗特罗和茹利奥·恩里克斯（Júlio Henriques）对其发展贡献良多。

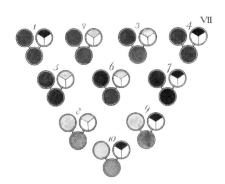

图 36　迪奥戈·德·卡尔瓦略－桑帕约所著《论色彩》（1787）中的插图。

凭他自学成才。他撰有三部色彩学专著：除了上文提到的《论色彩》，还有《基本色：浅析色彩的人工合成》（*Dissertação sobre as Cores Primitivas com um Breve Tratado da Composição Artificial das Cores*）（1788，里斯本）和《论色彩的自然形成》（*Memoria sobre a Formação Natural das Cores*）（1791，马德里）。德国作家和科学家歌德（Goethe）曾在他著名的《色彩理论》（*Farbenlehre*）中列出了桑帕约的上述所有作品：

> 作者桑帕约是马耳他骑士团的一名骑士。他无意间观察到了彩色的影子，并由此产生了兴趣。但仅仅通过几次观察，他便草率地得出了结论，并试图采用各种实验去证明这一结论。他的实验和思考模式在其四部作品中皆有所阐释，并在最后一部即《论色彩的自然形成》中作出了总结。尽管我们已经极力向各位读者展现他在研究中的诚实态度，但这也改变不了他的研究过于古怪且大有欠缺的事实。

不过，天才也会犯错。歌德以为他读过的唯一一部桑帕约的作品《论色彩的自然形成》就已经包含桑帕约所有的研究成果了，但事实并非如此。其实，歌德和桑帕约（二人其实都是业余色彩学家）色彩理论的相似之处，比歌德文中所述得更多。歌德得到这本书之后，因为不懂葡萄牙语，所以很可能是借助一本葡英词典对这部作品进行了翻译。曾经有一版德文译本流传至葡萄牙，名义上的译者是歌德的秘书，但实际上就是这位德国诗人自己翻译的。歌德之所以有缘读到桑帕约的作品，是因为亚历山大的兄弟威廉·冯·洪堡（Wilhelm von Humboldt）（他同样也是一位杰出的科学家）在1799年于马德里和桑帕约相识，就是在那时得到了这本作品，又在1801年转寄给了好友歌德，因为他知道歌德对色彩研究很感兴趣。当时居住在马德里的另一位德国科学家约翰·约瑟夫·赫尔根（Johann Joseph

Herrgen）还将桑帕约的书翻译成了德语，并将译稿寄给了哥廷根的一位编辑，但最后没能出版。总而言之：桑帕约有幸在马德里得遇两位德国学者，但可惜他的作品并未因此而得到认可。歌德倒是认识到了其中的价值（否则他也绝不会浪费时间去翻译这部作品），但同时又低估了这位葡萄牙人的贡献——从某种程度上来说，桑帕约的色彩理论研究与歌德不相上下，因为他们的理论都与牛顿提出的"光的色散"理论相对立。

　　17—18 世纪，科学在军事领域得到了广泛应用。从技术角度来看，18 世纪葡萄牙的杰出代表应当是军事工程师和启蒙主义者曼努埃尔·德·阿泽维多·福尔特斯（Manuel de Azevedo Fortes）。福尔特斯出生于里斯本，曾就读于西班牙的马德里皇家学院（Colégio Imperial de Madrid）和埃纳雷斯堡阿尔卡拉大学（Universidade de Alcalá de Henares），以及法国巴黎的普莱西学院（Colégio de Plessis），后出任意大利锡耶纳大学哲学教授。1695 年回到葡萄牙后，他在里斯本的军事建筑及防御工事学院（Academia de Fortificação e Arquitectura Militar）教授数学，该学院于 1657 年由若昂四世创办，以满足葡萄牙王政复辟战争之需。福尔特斯曾在阿连特茹多次出战，军功累累。他也是王国首席工程师，是葡萄牙土地测量和建筑设计领域的先驱，曾督造多项军事工程。他的代表作是《葡萄牙工程师》（*O Engenheiro Português*）（1729）；还著有《基于理性、几何与解析的逻辑》（*Lógica Racional, Geométrica e Analítica*）（1744）的作者，这是第一部用葡萄牙语而非拉丁语撰写的逻辑学论著。

第 4 章

自由主义、理工学校与外科医学校

19世纪，物理学界新兴的热力学和电磁学拉开了工业革命的序幕，推动了通信技术的演进。化学界则迎来了原子、元素周期表和多项新兴技术的时代。这些技术很快便投入使用，尤其在药学领域得以大显神通。在生物学界，物种分类进一步细化，更有达尔文的进化论激起千层浪花，改变了人类对生命现象的理解。在地质学界，有关地质制图、地层学、古生物学和人类进化的研究如火如荼。在医学界，利用实验室进行生理学、组织学和细菌学研究逐渐成为主流。19世纪的葡萄牙科学在上述领域可谓全面开花，部分研究盛况甚至持续至20世纪，大有可圈可点之处。

在经历了法国入侵、1820年自由革命爆发、1822年宪法颁布和巴西独立（佩德罗一世在里约热内卢皇宫里宣告"为俾众周知，吾将留于此"）的动荡时期之后，葡萄牙成立了两所新的理工科高校——里斯本理工学校（图37）和波尔图理工学院（图38），在某种程度上与科英布拉大学形成了分庭抗礼之势。这两所学校充满了自由主义精神，即反对君主专制，主张建立一个捍卫人民代表权、保障个人和集体自由的政权。它们旨在提供比

图 37　里斯本理工学校的正面。学校建于 1837 年，位于理工学校街，现为国家博物学和科学博物馆所在地。

图 38　波尔图理工学院的正面。学院建于 1837 年，位于戈梅斯·特谢拉广场，现为该大学校长办公室所在地。

古老的科英布拉大学更加实用的教育，而那些有志于投身行伍、需要深入学习科学技术的人则成了其重点服务对象。

里斯本理工学校建于皇家贵族学院原址之上，许多知名教授曾在此任教（见表8）：阿戈斯蒂尼奥·维森特·洛伦索（Agostinho Vicente Lourenço）主要因其国际活动而声名远扬。1848年，他开始了在巴黎的学习生活。于巴黎大学取得博士学位后，洛伦索在欧洲进行了长时间的考察，并曾分别在法国的阿道夫·武尔茨（Adolphe Wurtz）和德国的冯·李比希（Von Liebig）、本生（Bunsen）和冯·霍夫曼（Von Hofmann）等著名化学家的实验室工作，还在《法国科学院院刊》（Comptes Rendus）和《化学和物理年鉴》（Annales de Chemie et de Physique）等期刊发表了多篇文章。尽管洛伦索自1862年出任里斯本理工学校有机化学教授后，科学研究活动有所减少，但他推动了里斯本化学实验室的改造升级。该实验室建于1844年，今已修复完毕，可供参观（图39）。

表8　里斯本理工学校的教授（按出生时间排序）

1. 菲利佩·福尔克（Filipe Folque）（1800—1874），天文学家和大地测量学家
2. 吉列尔梅·迪亚斯·佩加多（1803—1885），物理学家，1853年建立了第一个葡萄牙气象观测站——路易斯王子气象观测站
3. 弗朗西斯科·佩雷拉·达·科斯塔（1809—1889），地质学家
4. 若泽·巴尔博萨·多·博卡热（José Barbosa do Bocage）（1823—1907），动物学家
5. 若阿金·弗拉德索·德·奥利维拉（Joaquim Fradesso de Oliveira）（1825—1875），物理学家，1873年参加了在维也纳举办的第一届国际气象大会
6. 阿戈斯蒂尼奥·维森特·洛伦索（1826—1893），化学家，曾在巴黎学习
7. 阿德里亚诺·皮纳·维达尔（Adriano Pina Vidal）（1841—1919），物理学家
8. 若泽·贝当古·罗德里格斯（José Bettencourt Rodrigues）（1843—1893），摄影师和测绘学家，1875年创办了里斯本地理学会
9. 若昂·德·阿尔梅达·利马（João de Almeida Lima），（1859—1930），物理学家，放射性研究领域的先驱

图39　里斯本理工学校的化学实验室，现为国家博物学和科学博物馆的一部分。

同样值得一提的还有吉列尔梅·迪亚斯·佩加多（Guilherme Dias Pegado）和弗朗西斯科·佩雷拉·达·科斯塔（Francisco Pereira da Costa）两位教授。二人颇具开拓精神，前者建立了葡萄牙第一个地球物理观测站（气象学将在后文讨论），后者则是葡萄牙地质委员会会长（地质学同样将在后文进行探讨）。

波尔图理工学院的教授（见表9）亦毫不逊色。该学院与波尔图工业协会（成立于 1849 年，今称葡萄牙商业协会）进行了一系列富有成效的合作，故相较于里斯本理工学校，它与工业的联系历来更加密切。不过这也不足为奇，因为波尔图作为北部大区首府，很早便成了葡萄牙的商业和工业重镇。

表 9 波尔图理工学院的教授（按出生时间排序）

1. 若泽·维托里诺·达马西奥（1807—1875），物理学家，1853 年在葡萄牙引入了电报
2. 卡尔洛斯·里贝罗（Carlos Ribeiro）（1813—1882），地质学家
3. 阿德里亚诺·派瓦（1847—1907），物理学家，1878 年首次提出电视机的概念
4. 弗朗西斯科·戈梅斯·泰谢拉（1851—1933），享誉国际的数学家
5. 安东尼奥·费雷拉·达·席尔瓦（1853—1923），化学家，设立了波尔图市化学实验室
6. 贡萨洛·桑帕约（Gonçalo Sampaio）（1865—1937），植物学家
7. 奥古斯托·诺布雷（Augusto Nobre）（1865—1946），动物学家

数学家弗朗西斯科·戈梅斯·泰谢拉（Francisco Gomes Teixeira）是学院最知名的教授，不仅在国内举足轻重，在国际上的影响力也不容小觑——从这一层面看，在 19 世纪的葡萄牙科学界，除布罗特罗（Brotero）以外无人可与之争锋。布罗特罗在 19 世纪初作为科英布拉大学教授大放异彩，而泰谢拉则在 19 世纪末和 20 世纪初崭露头角，先是在科英布拉大学担任教授（尽管时间不长），后来又在波尔图理工学院和波尔图大学任教多年。他是波尔图大学的第一任校长，也是 1911 年成立的里斯本大学

的校长。作为多个国内和国际学术机构的成员，他认为葡萄牙人应该以除葡语以外的其他语言出版自己的著作，以推动葡萄牙学术成果的国际化。但他也有以葡萄牙语写成的作品。在这些作品之中，当数《微积分分析教程》（*Curso de Análise Infinitesimal*）（1887—1892）和《葡萄牙数学史》（*História das Matemáticas em Portugal*）（1934）最为出名，前者对葡萄牙的分析教学发展影响深远，后者的传记章节精妙绝伦。此外，他用卡斯蒂利亚语写就的《曲线论》（*Tratado das Curvas*）于 1900 年获得了马德里科学院授予的奖项。该书经过进一步修订后于 1917 年由巴黎科学院出版了法语版（1971 年和 1995 年分别在纽约和巴黎再版），至今仍是经典曲线理论的参考书之一。1877 年，戈梅斯·泰谢拉创办了《数学和天文科学杂志》（*Jornal de Sciencias Mathematicas e Astronomicas*），该杂志后并入《波尔图理工学院科学年鉴》（*Anais Scientificos da Academia Politécnica do Porto*）。

　　另一个在国际上响当当的人物则是化学家安东尼奥·费雷拉·达·席尔瓦（António Ferreira da Silva）。同戈梅斯·泰谢拉一样，席尔瓦毕业于科英布拉大学，但他深耕的领域是分析化学。1884 年，席尔瓦成立了波尔图市化学实验室，也正是在此处，他进行了大量与水有关的分析实验（下文将对此进一步说明）。1905 年 [①]，席尔瓦创立了葡萄牙化学协会（Sociedade Portuguesa de Química），并创办协会期刊《理论与应用化学》（*Revista de Química Pura e Aplicada*）。

　　科英布拉大学仍一如既往地致力于培养科学领域人才（如前所述，其中一些人才在学成之后去往其他新大学任职），设法应对来自南北两方的科学竞争，但其手段却并非总是光明磊落（例如，试图在公共职位的任命上保留一些特权）。表 10 列出了科英布拉大学哲学院的主要教授名单，该院曾是耶稣学院的所在地。

---

① 作者误写为 1911 年。——译者注

表 10　19 世纪科英布拉大学的科学教授（按出生时间排序）

1. 雅辛托·安东尼奥·德·索萨（Jacinto António de Sousa）（1818—1880），物理学家
2. 安东尼奥·多斯·桑托斯·维耶加斯（1835—1919），物理学家
3. 伯纳德·托伦斯（1841—1918），德国人，化学家（实验室技术员）
4. 若阿金·多斯·桑托斯—席尔瓦（1842—1906），化学家
5. 恩里克·泰谢拉·巴斯托斯（1861—1943），物理学家

在物理学领域，安东尼奥·多斯·桑托斯·维耶加斯（António dos Santos Viegas）可谓成就斐然。他游历欧洲，并搜罗来许多先进设备，正是这些设备使其学生恩里克·泰谢拉·巴斯托斯（Henrique Teixeira Bastos）得以在 19 世纪末的葡萄牙率先进行 X 射线实验。此外，他还担任过科英布拉大学校长，并且在地磁学和气象学领域都做出了杰出贡献。化学领域的著名教授有德国人伯纳德·托伦斯（Bernard Tollens），他是化学实验室主任，以实验室耳房为家。可惜托伦斯在校任职时间短暂，不久后便回了哥廷根，并在当地声名大噪。即便是在今天的化学实验室中，仍可见"托伦斯试剂"的踪影。

为更好地理解 19 世纪科学技术的进步，我们不妨了解一下当时葡萄牙的两段历史。这两段历史分属物理和化学领域，一个有关电报技术，另一个有关矿物质水，它们不仅诠释了科学与技术之间的联系（其紧密程度在 19 世纪尤为凸显），还体现了一些葡萄牙自身的特色。

电　报

电报是科学应用的一个典型案例，一经问世便风靡社会，带来了极大的变革——电报使得国内和国际的快捷通信成为可能，起先连通范围仅限于大陆内部，后来又实现了洲际通信。葡萄牙，这个欧洲大陆最西端的国家，在第一批海底电报电缆铺设完成之后，便当之无愧地成了欧洲连通南美洲的枢纽。

电报的初期尝试可以追溯到 1774 年瑞士人乔治·卢伊斯·勒萨吉（George Louis Le Sage）的发明。然而，其关键性发展却要归功于一个丹麦人——汉斯·克里斯蒂安·奥斯特（Hans Christian Oersted），是他发现了电流使磁针偏转的现象。令人称奇的是，最终发明电报的并不是什么科学家，而是一位画家：1837 年，美国人塞缪尔·莫尔斯（Samuel Morse）为他的电磁仪器和代码申请了专利，这些以点和横线组成的代码便是今天以他名字命名的莫尔斯电码（又译为摩斯电码）。

葡萄牙的首批电报试验发生于 1853 年的波尔图，在波尔图工业协会（Associação Industrial Portuense）的推动下成功实施。1855 年，公共工程部长、再生政府（Regeneração）振兴运动的核心人物丰特斯·佩雷拉·德·梅洛（Fontes Pereira de Melo）与巴黎宝玑公司（Breguet）代表签署了一份合同，议定在葡萄牙架设第一批电报线路。同年，在里斯本，王城（Terreiro do Paço）和内塞西达迪什宫（Necessidades）之间的通信线路进入测试阶段。到 1856 年，已经有 16 个车站投入运营，线路分别连接里斯本－辛特拉、里斯本－波尔图、里斯本－埃尔瓦什和里斯本－圣塔伦，总长 677 千米。葡萄牙的电报线路扩展十分迅速，到 1864 年，电报网络已经覆盖王国的所有主要城市。当时使用的电报机是由法国人路易斯·富朗索瓦·克莱门特·宝玑（Louis François Clément Breguet）和保罗－古斯塔夫·弗罗门特（Paul-Gustave Froment）开发的。但不久后莫尔斯（印刷式）电报机的优势便逐渐显现，市场转而对其青睐有加。

工程师若泽·维托里诺·达马西奥（José Vitorino Damásio）是电报在葡萄牙的有力推广者。他是波尔图理工学院的教授，也是波尔图工业协会的创始人。1865 年，巴黎国际电报大会召开，达马西奥作为葡萄牙代表参加了本次会议。在这场会议上，20 国代表签署公约，国际电报联盟

（União Telegráfica Internacional）就此成立。由于通信技术的发展和使用需要有一些共同接受的标准，因此各国缔结了一系列科学技术协议，该联盟也就成为世界上历史最悠久的国际标准化科学机构。1870年，葡英海底电缆铺设完成，一路延伸至直布罗陀。到19世纪末，世界电报网络已初具规模。

电报线路的翻新工作同样为葡萄牙人的科研创新提供了机遇。马克西米利亚诺·奥古斯特·赫尔曼（Maximiliano August Hermann）和克里斯蒂亚诺·奥古斯托·布拉芒（Cristiano Augusto Bramão）得以在新设备的开发方面大显身手。

电话发明的历史同样值得探究，尽管通常认为亚历山大·格拉汉姆·贝尔（Alexander Graham Bell）是电话的发明者，但这一荣誉的真正归属在今天仍备受争议。

最早申请电话发明专利的是一个籍籍无名的意大利人——安东尼奥·穆齐（Antonio Meucci）。此外，早在1860年，也就是在贝尔申请专利以前16年，一位德葡混血发明家就成功制造出了第一部电话，但没有进行注册。他就是约翰·菲利普·雷斯（Johann Philipp Reis），他发明的这个装置后来被称为"雷斯电话"。雷斯的祖辈是塞法迪犹太人（指在15世纪被驱逐前，祖籍伊比利半岛并遵守西班牙裔犹太人生活习惯的犹太人），18世纪从下贝拉（Beira Baixa）移民德国。他从小就成了孤儿，由一位葡萄牙老妇抚养长大。老奶奶耳朵不好，因此雷斯决定为她制造一双人造耳朵——这正是他发明电话的初衷。第一个电话模型（实际上"电话"这个名词也是雷斯创造的）里的话筒竟是一个空心软木塞，上面裹着一层香肠皮！但雷斯还是失败了，败在他是自学成才（因此他的文章被科学杂志拒稿），败在时局的反犹主义，最后败给了当时杀害了无数天才的肺结核病，40岁便英年早逝。

贝尔在1876年获得电话专利，给电报新增了声音传输功能。此举启发了阿德里亚诺·派瓦（Adriano Paiva）。1878 年，这位科英布拉大学哲学博士、波尔图理工学院教授在《科英布拉研究所学刊》（O Instituto）（在 1852 年至 1981 年科英布拉研究所存续期间出版）上发表文章提出，可以使用一种名叫电报照相机（telegrafia）的技术，使得电报拥有图像传输功能。仅在贝尔的电话问世两年之后，派瓦就在一篇文章中指出，电话除了充当"人造耳朵"，还可以成为"人造眼睛"。以早前德国西门子兄弟利用硒的光电特性取得的研究成果为基础，派瓦提出了一个原始的电视模型构想，但未能将其付诸实践。尽管如此，他依然是该领域的世界先驱——他设计出了一种叫作电传照相机（telectroscópio）的转换仪器，可将物体"由于不同形状和颜色而产生的光振动"转换成电流，并提出使用"硒作为电传照相机暗箱中的感光板"。今天的电视史学家们也都承认派瓦的原创性贡献。然而，还有一些发明家，不仅有着同样的想法，还成功将其变成了现实。以下是一位波尔图教授的预言性愿景：

> 有了这两个奇妙的工具（电视和电话），哪怕身处一隅，人类也能将其视觉和听觉扩展到整个地球。"无所不至"将不再是触不可及的幻想，而是一个完美的现实。

1881 年的巴黎国际电力大会（Congresso Internacional de Electricidade Paris）要求统一电力计量单位，以使各国的测量结果可以互通。科英布拉大学的物理学教授安东尼奥·多斯·桑托斯·维耶加斯（António dos Santos Viegas）代表葡萄牙参加了这次会议。会议决定采用新的单位，即我们今天所使用的欧姆、伏特、安培、库仑和法拉。这些计量单位后来被纳入十进制公制中，该公制于 1852 年女王玛丽亚二世颁布法令后开始在葡实行。

英国人迈克尔·法拉第（Michael Faraday）通过实验观察到了光的电磁性质（他此前在 1831 年发现了电磁现象，即磁铁的运动可以产生电流）。如此便得到一种无须使用电池且较为便捷的发电方式。詹姆斯·克拉克·麦克斯韦（James Clerk Maxwell）利用自己推导出的一套方程组，验证出（电磁）波的传播速度与实验测量出的光速相等，并推断电磁波其实就是光波。然而，直到德国人海因里希·赫兹（Heinrich Hertz）实施了电振荡实验，才证实了不可见的电磁波的存在。在葡萄牙，无线电通信领域的研究始于科英布拉大学，恩里克·泰谢拉·巴斯托斯（Henrique Teixeira Bastos）在他的教学竞赛论文中对光的电磁理论进行了分析。

继赫兹之后，意大利人古列尔莫·马可尼（Guglielmo Marconi）设计了一种通过电振荡和检波器运作的无线电发射器，并遵循前者的方法制造出了电磁波：使用一组电池给一个线圈供电，引起电振荡。马可尼的一个创新点在于，他借助一条垂直电线（即天线）增加了传输距离。赫兹的检波器其实十分简陋，它是由一种在电波通过时产生导电性的材料制作而成的。根据小锤（即电键）敲击的时间长短，可用莫尔斯电码传译信息。为了与海底电缆电报一较高下，马可尼设法延长了无线电报的通信距离。1897 年，他已经能够在海上将莫尔斯信号传送到 6 千米以外的地方。1899年，第一次横贯英吉利海峡、连通英法的传输试验顺利进行。1901 年，马可尼利用风筝升起天线，在爱尔兰和纽芬兰之间实现了首次跨越大西洋的通信，距离长达 3500 千米。

葡萄牙最早的电振荡研究是由泰谢拉·巴斯托斯的两名科英布拉大学学生——安东尼奥·佩雷拉·达·丰塞卡（António Pereira da Fonseca）和阿尔瓦罗·达·席尔瓦·巴斯托（Álvaro da Silva Basto）先后在 1897 年和1903 年进行的。葡萄牙无线电报学的先驱是卡尔洛斯·加戈·科蒂尼奥上将（Carlos Gago Coutinho）（图 40），他于 1900 年获得了信号探测器的专利，但其成名却是因为 1922 年与飞行员萨卡杜拉·卡布拉尔（Sacadura Cabral）（几年后因飞机在北海坠毁而遇难身亡）共同完成了首次穿越南大西洋的飞行。

1901 年，葡萄牙进行了首批无线电报试验。1910 年，第一个无线电报站投入使用，为里斯本海军兵工厂（Arsenal da Marinha）提供技术支持。发明得到运用，制造者自然得前来一观。1912 年，马可尼首次访问葡萄牙。当时葡萄牙政府正与他的公司签署合同，准备在葡萄牙和佛得角安装无线电报站。

图 40　卡尔洛斯·加戈·科蒂尼奥和萨卡杜拉·卡布拉尔乘坐圣克鲁兹飞机完成了首次穿越南大西洋的飞行。

科英布拉大学人类学教授贝尔纳尔迪诺·马查多（Bernardino Machado）负责接待马可尼的来访。马查多是科英布拉大学人类学专业的革新者，还是当时里斯本地理学会的主席，后来两次当选共和国总统（图 41）。此后，

图 41　意大利物理学家和企业家古列尔莫·马可尼（中间）在访问葡萄牙时受到里斯本地理学会的贝尔纳尔迪诺·马查多（左二，蓄须）的接待。

马可尼又曾先后在 1920 年和 1929 年到访葡萄牙。

矿物质水

拉瓦锡（Lavoisier）引发的革命促进了化学分析方法的蓬勃发展。化学科学自此笼罩上了现代的光环，对公众，尤其是对购买力较强的阶层有着极强的说服力。

葡萄牙丰富的矿物质水资源自罗马时代就已为人所知。医生弗朗西斯科·达·丰塞卡·恩里克斯（Francisco da Fonseca Henriques）在其 1726 年出版的著作《药用水源》（*Aquilégio Medicinal*）中写道：

> ……矿物质水在地底深处川流交错；它们是这个巨大星球的血液，在其静脉中循环往复；由于最严重的疾病通常发端于血液中的顽疾，笔者……希望通过检测流淌在这些静脉里的矿物，向世界展示我们葡萄牙的强壮，展示这血液的纯净。

1793 年，英国医生和植物学家威廉·威灵（William Withering）在葡萄牙的卡尔达什达赖尼亚（Caldas da Rainha）（图 42）首次进行了对葡萄牙矿物质水的科学分析。19 世纪上半叶，人们逐渐认识到"葡萄牙可能是欧洲地均矿物质水资源最丰富的国家"，从而大大加强了对矿物质水的研究。

1839 年，科英布拉的化学家桑托斯 - 席尔瓦（Santos e Silva）在《葡萄牙药学报》（*Jornal da Sociedade Farmacêutica Lusitana*）上发表了对国内矿物质水所作的分析报告。结果显示，在各类矿物质水中，贝拉路、卡尔达什达赖尼亚、弗洛尔镇的本萨乌德和维达古的坎皮略泉的水资源品质最为上乘。

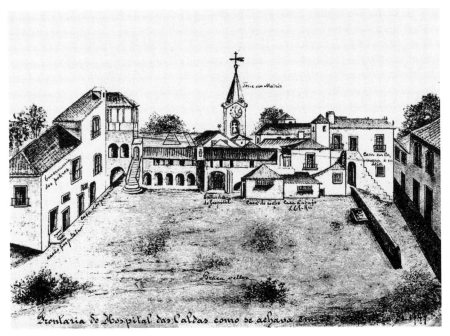

图 42　18 世纪版画上的卡尔达什达赖尼亚医院（Hospital das Caldas da Rainha）。靠近温泉，据称是世界上现今仍在运营的最古老的医院，如今叫作莱昂诺尔王后温泉水疗医院（Hospital Termal Rainha D. Leonor）。

　　葡萄牙丰富的矿物质水资源掀起了一阵研究热潮。为了证实矿物质水的价值，科学家们采用了当时最先进的方法，部分研究成果也在《科英布拉研究所学刊》上发表。若说对矿物质水的研究是出于经济目的，那么对于公共供应用水的研究动因则在于保障公共卫生，这也是整个 19 世纪科学界日益重视的研究课题。1892 年，化学家费雷拉·达·席尔瓦（Ferreira da Silva）开始研究波尔图的供水情况。他分析了多项决定水质可饮用性的参数。如果水温适中、清澈干净、味道宜人、不含有机物，便认为其具有可饮用性。基于参数分析，席尔瓦将水分为四类，即纯净水、可饮用水、不可饮用水和污染水。1862 年，医学教授弗朗西斯科·阿尔维斯（Francisco Alves）首次对科英布拉水域进行了水质分析。然而，此后的三十多年内，竟没有人对此做过更进一步的研究。直到 1897 年，法国化学家、科英布拉医学院微生物学实验室主任查尔斯·勒皮埃尔（Charles Lepierre）才进行了相关研究。勒皮埃尔是佛得角裔葡萄牙人罗贝尔托·杜阿尔特·席尔瓦（Roberto Duarte Silva）（后来成为法国化学学会主席）在巴黎物理化工学校的学生。受恩师影响，他于 1888 年来到葡萄牙，后来成了里斯本高等理工学院的教授。他先后对科英布拉的泉水和井水、蒙德古河水和布罗特罗工业学校（他在 1891 年以前曾在此教书）的实验室自来水等水样进行了分析。

<h1 style="text-align:center">医　学</h1>

　　下面再来看看 19 世纪葡萄牙医学发展的总体情况。多年来，科英布拉医学院（Faculdade de Medicina em Coimbra）一直是葡萄牙唯一获准颁发王国首席外科医生资格（cirurgião-mor do Reino）的官方医师培训机构，尽管许多医生是在医院才真正得到了实践培训。直到 19 世纪初，这个垄断局面才被打破。1825 年，里斯本和波尔图的皇家外科学校（Régias Escolas de Cirurgia）相继创建，分别与圣若泽医院（Hospital de S. José）和仁慈医院（Hospital da Misericórdia）（现在的圣安东尼奥医院）合作办学，旨在提供比科英布拉医学院更具实用性的教学。事实上，在此之前，这两家医院也已经开设了解剖学和外科课程。继这两所学校之后，本着同样的务实精神，里斯本和波尔图外科医学校在 1836 年先后成立，后于 1911 年分别改建为里斯本和波尔图医学院。医学校成立之初分别由两位医生担任主心骨：里斯本的卡尔洛斯·梅·菲盖拉（Carlos May Figueira），显微镜学专家，毕业于科英布拉并在布鲁塞尔获得了博士学位；波尔图的安东尼奥·贝尔纳尔迪诺·德·阿尔梅达（António Bernardino de Almeida），素以敢于进行大胆的外科干预治疗著称。还有几位著名的医生也曾在这些学校任职（见表 11），下面将对他们进行重点介绍。

表 11　里斯本和波尔图外科医学校的教授及各自的专业（按出生时间排序）

里斯本：

1. 卡尔洛斯·梅·菲盖拉（1829—1913），组织学

2. 若泽·德·索萨·马尔丁斯（1843—1897），病理学

3. 若泽·库里·卡布拉尔（José Curry Cabral）（1844—1920），病理解剖学

4. 米格尔·邦巴尔达（1851—1910），精神病学

5. 卢伊斯·达·卡马拉·佩斯塔纳（1863—1899），细菌学

6. 阿尼巴尔·贝当古（Aníbal Bettencourt）（1868—1930），细菌学

波尔图：

1. 安东尼奥·贝尔纳尔迪诺·德·阿尔梅达（1813—1888），外科

2. 安东尼奥·普拉西多·达·科斯塔（António Plácido da Costa）（1848—1915），眼科

3. 里卡尔多·若尔热（1858—1939），卫生和公共卫生，后转入里斯本外科医学校

4. 马西米亚诺·德·莱莫斯（Maximiano de Lemos）（1860—1923），医学史

5. 阿尔图尔·卡尔多索·佩雷拉（Artur Cardoso Pereira）（1865—1940），法律医学

　　首先要介绍的是两位伟大的卫生学专家：里卡尔多·若尔热（Ricardo Jorge），因其防治波尔图鼠疫的措施遭到当地民众抵制，于 1899 年被迫迁往里斯本；还有卡马拉·佩斯塔纳（Câmara Pestana），他率先将巴斯德（Pasteur）的学说引入到了葡萄牙，可惜在波尔图参与抗击鼠疫时不幸感染，英年早逝。

　　里卡尔多·若尔热毕业于波尔图外科医学校，在巴黎结识神经病学奠基人沙尔科（Charcot）后，便回到波尔图开始在这一领域展开研究。然而不久后，他又对公共卫生这个迫在眉睫的问题产生了浓厚兴趣。他在《社会卫生学在葡萄牙的应用》（*Higiene Social Aplicada à Nação Portuguesa*）（1884）上发表了多篇有关公共卫生的论文。1892 年，他成立了波尔图市卫生健康局。1899 年，波尔图爆发了鼠疫，这种传染病已在大众视野中消失了几个世纪，但若尔热敏锐地察觉出了疫情。他在《波尔图鼠疫》（*A Peste Bubónica no Porto*）（1899）一书中对该疾病进行了描写，并详述了他

认为应当采取的卫生隔离措施，但这些措施却遭到了愚昧民众的抵制。在里斯本外科医学校就职后，若尔热在该市创建了一个卫生研究中心，即现在的里卡尔多·若尔热国家卫生研究所（Instituto Nacional de Saúde Dr. Ricardo Jorge）（图43）。

除了热衷于医学研究，若尔热还参与了防治肺结核及西班牙流感的斗争，这场流感在1918年第一次世界大战末期造成了大量人口死亡。

卡马拉·佩斯塔纳在1891年的巴黎接触到了细菌学领域的最新研究成果。仅在巴黎巴斯德研究所成立四年之后，他便创建了如今以他的名字命名的细菌学研究所。他曾对里斯本水域进行过细菌学分析，并于1894—1895年在圣若泽医院从事防治霍乱和狂犬病的工作，并配制预防白喉和破伤风的疫苗。佩斯塔纳的远见卓识原本可为葡萄牙做出更多贡献，可惜他在抗击波尔图鼠疫时不幸离世，年仅36岁。噩耗既出，举国同悲。

论及19世纪末里斯本出类拔萃的医生，佩斯塔纳的老师米格尔·邦巴

图43 1899年，医生里卡尔多·若尔热（中间，胡子黑长浓密）和他带领的卫生团队在波尔图。

尔达（Miguel Bombarda）也是一个不得不提的人物，这不仅是因为他在精神病学方面的突出贡献（他曾担任里斯本里利亚弗莱斯医院的院长，该医院后来以他的名字命名），还因为他在政治方面的活跃表现。他曾同耶稣会展开论战，却在共和国革命前夕被自己的一个病人杀害。1906年，邦巴尔达组织了第十五届里斯本国际医学大会，会议在里斯本圣安娜广场（Campo de Santana）的一栋大楼内召开（该建筑在1911年成为里斯本大学医学院的所在地，也是如今新里斯本大学医学院的前身）。还有一位著名的共和党医生茹利奥·德·马托斯（Júlio de Matos），如今有一家精神病院便是以他的名字命名。

在科英布拉大学医学院的著名人物（见表12）中，最值得一提的是安东尼奥·达·科斯塔·西蒙斯（António da Costa Simões）。他自1852年开始担任医学院教授，并引入了法兰西公学院的克劳德·伯纳德（Claude Bernard）的生理学新学说，从而推动了葡萄牙在该领域的革命性进步。得益于在欧洲医学院的两次考察经历，西蒙斯对学院实验室和医疗实践进行了现代化改造，还在科英布拉大学艺术学院（Colégio das Artes）内创立了科英布拉大学医院，直到1887年才从该医院离职。安东尼奥·达·科斯塔·西蒙斯曾担任科英布拉市长，同时也因率先开发卢索温泉和进行司法化学实验而闻名遐迩。司法化学在当时是一个新兴的研究领域，有助于解决部分法律争议。医学院设有自己的化学办公室，却一直与哲学系的化学实验室有着紧密的合作。此外，要想在医学院进修，必须先在数学院和哲学院学习。

表 12　19 世纪科英布拉大学医学院的教授（按出生时间排序）

1. 卡尔洛斯·若泽·皮涅罗（Carlos José Pinheiro）（? —1844），解剖学
2. 安东尼奥·达·科斯塔·西蒙斯（1819—1903），生理学和组织学
3. 弗朗西斯科·安东尼奥·阿尔维斯（Francisco António Alves）（1832—1873），病理解剖学

在 19 世纪末，除了肆虐波尔图的鼠疫，还有一些令葡萄牙人深受其害的重疾。其中，尤数肺结核最令人深恶痛绝。

请看：表 13 中的作家（按姓名字母顺序排列，括号内为死亡年龄）有何共同之处？

表 13　死于肺结核的作家举例

1. 茹利奥·迪尼斯（Júlio Dinis）（42 岁，一位波尔图外科医学校教授的笔名）

2. 安东尼奥·诺布雷（33 岁）

3. 安东尼奥·索阿雷斯·多斯·帕索斯（António Soares dos Passos）（34 岁）

4. 塞萨里奥·维尔德（Cesário Verde）（31 岁）

他们都死于人们口中的"痨病"，即科学定义上的肺结核。这是由一种名叫结核分枝杆菌（或科氏杆菌）的可怕细菌引起的结核病，是 19 世纪末至 20 世纪初最致命的疾病之一。它还夺走了里斯本外科医学校医生索萨·马尔丁斯（Sousa Martins）的生命。马尔丁斯死后，人们将他尊奉为圣人，并在圣安娜广场为其修建雕像。时至今日，雕像上仍布满了鲜花。

另一位波尔图人安东尼奥·诺布雷（António Nobre）（他有一个动物学家兄弟，是波尔图理工学院的教授），写下了"葡萄牙有史以来最悲伤的书"——《孤独》（Só），下面的苦涩诗行正是出自此诗：

> 十一月！痨病遍野的十一月！
>
> 如今有多少人，正大汗淋漓，垂死挣扎？
>
> 只有神父摩拳擦掌，兴奋不已……
>
> 香烛供不应求，
>
> 药房客似云来，
>
> 木匠通宵达旦。

就全国范围而言，肺结核在波尔图的发病率尤其之高，就连抗疫先锋里卡尔多·若尔热都在 1899 年将其称为"墓地之城"。即使是在今天，波尔图的肺结核发病率依然超过全国平均值。疾病的传播是由于恶劣的卫生条件，特别是在所谓的"孤岛"上，那里的条件使得细菌杂交达到了我们难以想象的程度：这才是细菌真正的"温床"。

阿梅利亚女王（Rainha D. Amélia）在 1899 年创建了结核病防治全国联盟（Liga Nacional contra a Tuberculose）。除了筹措资金，这场抗击战的举措还包括发行宣传反结核病的邮票，以及建造波尔图免费诊疗所、福什－杜杜罗海上疗养院和弗朗塞洛斯海滩上的北部海上疗养院。和山间的空气一样，海上的空气对疾病的疗愈甚有助益。许多人曾在福什－杜杜罗接受治疗，亦有一些去到了马德拉群岛，其中不乏知名人士，比如奥地利的伊丽莎白皇后（也就是著名的茜茜公主），尽管她的病可能是心理上的。

自从 1883 年德国人罗伯特·科赫（Robert Koch）发现病原体后，结核病在世界范围内大大减少。1906 年，法国人阿尔贝·卡尔梅特（Albert Calmette）和卡米尔·介兰（Camille Guérin）取得了抗结核病疫苗接种实验的首次成功。这种疫苗后来被称为卡介苗（Bacillus Calmette and Guerin），在 1921 年首次用于人类接种。但直到 1946 年链霉素的成功生产，结核病的治愈才成为可能。

尽管取得了一系列进展，但还是有一桩鲜为人知的往事——奥利维拉·萨拉查总理也曾被诊断出结核病，并在卡拉穆洛接受治疗。为此，英国首相温斯顿·丘吉尔以一种相当不客气的方式定义葡萄牙："这是一个由结核病人统治的结核病国家"。

第5章

对达尔文主义的接受与生命科学

在 19 世纪的西方世界，科学成果如雨后春笋般不断涌现。然而，由于葡萄牙并非科学的主要发展阵地，因此，科学在传入葡萄牙时总是呈现出一定的滞后性——有时甚至是严重的滞后。尽管彭巴尔改革使得牛顿物理学、化学和博物学得以进入葡萄牙，但在培育科学发展这一方面依然十分落后，其举措仅仅局限于引入基础科学知识、购买相应实用技术。对葡萄牙而言，这是一个风雨飘摇的世纪——先是遭受法国入侵，而后经历自由革命和内战洗礼，接着又在一次次经济与政治危机中见证君主立宪制的盛衰兴废。

科学文化没能及时在葡萄牙扎根，一个例证便是国内部分知识分子对科学的抵制。比如，阿尔梅达·加勒特（Almeida Garrett）在《家乡游记》（*Viagens na Minha Terra*）（1846）中写道："本世纪的科学实在是蠢到家了。到处都是趾高气扬、自鸣得意的庸才。"

19 世纪，得益于科学技术的进步，欧洲和北美开始以前所未有的速度飞快发展，埃萨·德·凯罗斯（Eça de Queirós）曾在其著作《城市与山脉》（*A Cidade e as Serras*）中这样感叹："谁能不佩服这个世纪人类所取得的进步？"科学技术的发展离不开学校教育的普及，然而，当时的葡萄牙在这方面做得还远远不够。与此同时，在欧洲的其他国家，学校教育遍地开花，越来越多的社会阶层开始享受到"文明的好处"。日渐与科学知识密不可分的工业和服务业，则转而成了社会财富的支柱。因此，葡萄牙很快就从第一世界国家综合国力榜单的顶端掉落至倒数的位置。诚然，葡萄牙也在进步，但比之同期的其他国家，这样的进步只是小巫见大巫。况且，葡萄牙只是引进了技术，却并没有在技术的源头——也就是在科学的发展上下功夫。另一方面，在科学革命与工业革命进行如火如荼的同时，哲学和人文科学领域的发展也不可避免地影响到了葡萄牙。不过，一些最新的科学成果由于在传入葡萄牙时被哲学或意识形态所裹挟，有时甚至会变得面目全非。

要论 19 世纪葡萄牙与科学之间的若即若离，达尔文主义思想在该国传播的坎坷历程或可作为一个有力证明。英国博物学家查尔斯·达尔文（Charles Darwin）堪称 19 世纪最伟大的科学家。他诞生于维多利亚时代的英国——当时世界上最富有的国家、科学最先进的地方。不过，达尔文的科学思想并没有与技术直接挂钩，而是与生活和文化息息相关。彼时葡萄牙尚处于思想蒙昧的农耕社会，故其对达尔文主义的抵触也在情理之中。此外，在葡萄牙根深蒂固的宗教势力也是达尔文主义进入该国的阻力之一。在教会眼中，达尔文的自然选择理论是极度危险的思想，因为它彻底推翻了"上帝主宰一切"的说法。

那么，达尔文主义又是何时传入葡萄牙的呢？答案是 1865 年。那一年，科英布拉大学的植物学家茹利奥·恩里克斯（Júlio Henriques）在他的博士论文《物种能够变异吗？》（*As Espécies São Mudáveis?*）（图 44）中围绕达尔文主义展开了研究。

次年，恩里克斯在其教职考试论文《人类的远古时代》（*Antiguidade do*

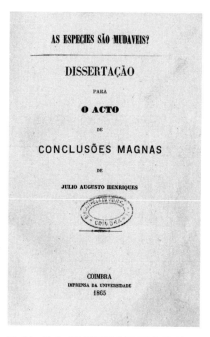

图 44 论文《物种能够变异吗？》的封面，作者为茹利奥·恩里克斯。

Homem）中再次就这一思想进行了探究。1859 年，进化论的奠基之作《物种起源》在英国一经问世便供不应求（截至 1913 年，该书在英国就已经发行了足足 148 个版本）。如此看来，多亏有恩里克斯，葡萄牙对达尔文主义的引入也仅仅迟了 6 年而已。然而，直到 1913 年，葡萄牙语版的《物种起源》才姗姗来迟，由夏多龙书店（Livraria Chardron）印刷出版（同样地，《人类的由来》早在 1871 年便已面世，其葡语译本却直到 1910 年才出现），中间相隔整整 54 年，这一事实简直令人难以置信——要知道当时《物种起源》在全世界已经有数百个版本了！当然，这其中的部分原因是在 19 世纪末至 20 世纪初，法语在葡萄牙学界十分普及，法国文化也风靡全国，因此法语译本便已足够满足需求。

恩里克斯在博士资格考试中这样写道：

> 看来，达尔文的理论对人类是完全适用的。很多人难以接受自己其实是由一只猿猴进化而来的。然而，既然上帝赋予我们理性，既然如今我们的进步和智识已经使得人类社会与动物世界泾渭分明，那么，人类的起源为何，又算得了什么呢？
>
> 既然达尔文理论认为，物种的演化通常是向着更高级、更完美的方向发展的，那么，对于这样的理论又何必如临大敌呢？
>
> 世界进化之洪流势不可当：且让我们投身其中，逐流向前。

在教职考试论文中，恩里克斯做了如下阐述：

> 正如在丹麦，矮橡树取代了红松，山毛榉树取代了夏栎；正
> 如在人类时代，如今的熊种取代了洞熊，大象取代了猛犸象，第
> 四纪的物种取代了它们第三纪的祖先——未来的世代也将继续在
> 时间的长河中新旧交替，生生不息，宇宙万千星体的运转皆是遵
> 循着如此壮阔而震撼的规律，地球比之也渺如尘埃。

在某种意义上，恩里克斯比达尔文更进了一步，因为在"人类的起源"这一问题上，达尔文在《物种起源》中有意避而不谈，直到撰写《人类的由来》时才对其加以阐释。

在达尔文主义进入葡萄牙的过程中，还应提及一个人的名字——雅伊梅·巴塔利亚·雷斯（Jaime Batalha Reis）。1866 年，雷斯在里斯本撰写了一篇农学论文，其中就谈到了达尔文。不过，亚速尔博物学家弗朗西斯科·德·阿鲁达·富尔塔多（Francisco de Arruda Furtado）的贡献则更为杰出：达尔文去世前不久曾与他通过信。受到鼓舞的富尔塔多在亚速尔群岛开展了软体动物学研究，可惜他 33 岁时便英年早逝。

当时，自学成才的青年阿鲁达·富尔塔多从圣米格尔岛给达尔文寄去了一封信。尽管达尔文年事已高且已经退休，这位进化论之父还是非常热情地写了回信，甚至给这个年轻人寄了一本自己的竞争对手阿尔弗雷德·拉塞尔·华莱士（Alfred Russel Wallace）的书。富尔塔多对当时的新思想都了如指掌。曾有一位神父在蓬塔德尔加达（Ponta Delgada）布道时说："竟然仍有学者认为人是猿猴的后代！……我们明明都是圣主耶稣基督的孩子！……"话音刚落，富尔塔多立马反驳道：

> 从来就没有学者认为人是猿猴的后代……，但二者一定都是

由某种已经消失的动物演化而来，并且这种动物的构造比起人来
说更像猿猴。我们过去这么认为，现在也依然这么认为。即使这
种说法得不到证明，要反对它也同样没有根据。

此外，富尔塔多在1882年达尔文逝世之际撰文表达了对这位学者的
由衷敬意（将其誉为"生物学界的牛顿"）。是日，茹利奥·恩里克斯也将
一篇瑞士博物学家坎多勒（Candolle）致达尔文的悼文翻译后发表在《科
英布拉研究所学刊》上，要知道，当时由于拉马克"用进废退"理论的错
误影响，达尔文主义在法国的传播遭遇了巨大阻力，这或可解释该学说在
葡萄牙传播受阻的部分原因。虽然恩里克斯、巴塔利亚·雷斯和富尔塔多
将达尔文主义引入了葡萄牙科学界，但在19世纪的葡萄牙，几乎没有可
供达尔文主义落地生根的土壤。事实上，尽管享年90岁的恩里克斯多年
来对科英布拉植物园、植物博物馆和标本馆的发展尽心竭力，还创办了一
份植物学杂志，但除了他早年的学位论文和教职考试论文，恩里克斯也并
未再对达尔文主义有过更多关注。19世纪葡萄牙最伟大的动物学家当数若
泽·维森特·巴尔博萨·多·博卡热（José Vicente Barbosa do Bocage），
他和作家若泽·玛里亚·巴尔博萨·杜·博卡热（José Maria Barbosa du
Bocage）是堂兄弟。这位里斯本理工学校教授、科英布拉大学校友、里斯
本动物学博物馆（富尔塔多曾在此地与其共事）馆长，毕生研究却几乎仅
仅局限于分类学这一门学科。由于坐拥来自本土及其殖民地的丰富样本，
多年来葡萄牙的生物学研究都偏安于分类学一隅，即便是在20世纪30—
60年代，达尔文进化论因与孟德尔遗传学的完美耦合而大受追捧时，除了
在教学上不可避免地对其有所提及，葡萄牙学界在该理论的研究上也未见
明显进展。

19世纪末，米格尔·邦巴尔达（Miguel Bombarda）和茹利奥·德·
马托斯（Júlio de Matos）（巧合的是，二人都生于巴西）等著名医生成为

了进化论的拥趸，并主张将其应用于人类历史研究，但他们并非对达尔文主义全盘接受（例如，邦巴尔达反对"自然选择"这一达尔文理论的核心思想）。然而，在葡萄牙的精英阶层，达尔文主义却引发了广泛的文化讨论，所激起的水花比在科学界要大得多：无论是在哲学界、历史学界还是政界，达尔文主义的拥护者与反对者在一轮又一轮辩论中争得不可开交。达尔文主义得以在葡萄牙推广开来，两位伟大的思想家功不可没——德国博物学家恩斯特·海克尔（Ernst Haeckel）和英国哲学家赫伯特·斯宾塞（Herbert Spencer）。海克尔是一元进化论哲学先驱；斯宾塞则主张以分化为主要形式的进化理论，认为事物的演化是从同质到异质的过程，并且该原则不仅支配着自然界，还同样适用于人类社会（"适者生存"这一概念正是由斯宾塞提出，并成了社会达尔文主义的理论基石）。进化论经由二人的著作在葡萄牙广为流传（通常是以法语译本的形式），"70 年的一代（geração de 70）"[①] 及后来的众多葡萄牙作家和思想家都在相关讨论中表达了鲜明的立场，例如拉马略·奥尔蒂冈（Ramalho Ortigão）、奥利维拉·马尔丁斯（Oliveira Martins）、特奥菲洛·布拉加（Teófilo Braga）和劳尔·普罗恩萨（Raul Proença）（他在达尔文主义盛行后依然信奉拉马克主义）等。然而，由于受教育程度低下的葡萄牙民众无法参与其中，这场讨论充其量只是一场知识分子的内部狂欢。

受达尔文思想的影响，诗人兼哲学家安特罗·德·肯塔尔（Antero de Quental）在一首题为《进化》（*Evolução*）（1882）的十四行诗中描绘了人类的地质学和生物学起源：

> 我曾是远古的岩石，是这个古老世界里
>
> 一片未名森林中的树干或树枝……

[①] 由 19 世纪一群葡萄牙青年知识分子组成的团体，早在 19 世纪 20 年代便已开始活动，曾先后在科英布拉和里斯本掀起学术运动。——译者注

我曾是波涛，喷溅着雪白泡沫，破碎在
花岗岩角——我的宿敌……

我曾嘶吼，或许凶恶野蛮，在生着
石楠和金雀花的洞穴中，寻求庇佑；
哦，我是原始的野兽，高昂着颅首
在泥泞的沼泽和青绿的草原上奔走……

我是人，如今站在巨大的阴影中间，
我看到，脚下形状各异的阶梯相连，
螺旋着，向着无穷无尽的远方蔓延……

我向这无穷发问，有时甚至于哭求……
但我仍会向虚空伸出双手，我只爱
并且只向往自由。

葡萄牙著名作家埃萨·德·凯罗斯与达尔文几乎生在同一时代。1859年《物种起源》出版时，埃萨正在波尔图念中学。因此，后来他在科英布拉大学修读法律期间（1861—1866），一定曾对这部作品引起的热烈反响深有体会。如前所述，葡萄牙学术界第一次提到达尔文，是在科英布拉论战（Questão Coimbrã）那年，当时埃萨正好在科英布拉求学。多年后，埃萨在《当代纪事》（*Notas Contemporâneas*）（1896）中回忆起了他们那代人的旧时光，那段属于“70年的一代”的峥嵘岁月：

那个年代的科英布拉正在经历一场伟大的运动，或者更确切地说，这是一场盛大的精神洗礼。铁路向世界打开了伊比利亚半岛的大门，日复一日地载着新的事物、思想、制度、艺术、方法、观念和人道主义关切，从法国和德国（经由法国）呼啸而来……每个早晨都能迎来新的发现，好似太阳新生。米什莱、黑格尔、维柯和蒲鲁东崭露头角；雨果做了君王的先知与法官；巴尔扎克笔下的世界扭曲而堕落；歌德的思想浩瀚如宇宙；还有爱伦·坡，还有海涅，达尔文或许也算得上一个，还有许许多多人！那是一个不安、敏感、苍白的年代，与缪塞的年代异曲同工（许是因为他们是沐浴着内战之火而生的）。也正是在那样一个年代，涌现出这许多丰功伟绩，便如那柴草投入熊熊篝火，在烟雾升腾中猎猎作响！

由此可见，这是一个改天换地的时代。一群思想开放的葡萄牙青年知识分子对新的科学和艺术敞开怀抱，日思夜想的就是如何一改国家的落后面貌（当发现这一夙愿落空后，他们便自嘲为"生活的失败者"）。而达尔文主义正是这场外来思想风暴的中心。

因此，埃萨·德·凯罗斯在小说《马亚一家》[①]（*Os Maias*）（1888）中也难免对达尔文多番提及。在一段对话中，若昂·达·埃戛（卡洛斯·达·马亚的朋友，也是埃萨本人的文学投射）将达尔文称为"畜生"，试图证明自己神志清醒：

"看吧！我要把那一整瓶都喝了，你们等着瞧吧……我仍然会很清醒，会毫无感觉！能讨论哲学……你们想知道我对达尔文怎么看吗？他是个畜生！我就这么看。给我那瓶酒！"[②]

---

① 此书已有中文译本:《马亚一家》，[葡] 埃萨·德·凯罗斯著，任吉生、张宝生译，人民文学出版社，1988 年。——译者注
② 引自上述中文译本《马亚一家》第 299 页。——译者注

还是在这本书中，埃萨借卡洛斯·达·马亚之口对现实主义小说进行了如下抨击：

> 这时卡洛斯在另一端说，现实主义最不能容忍的是它装腔作势的科学架势，是它从外来哲学演变而来的自命不凡的审美观，为了描述一个洗衣妇同一个木匠睡觉，它要引证克劳德·伯纳、实验论、实证论、斯图亚特·米尔和达尔文！①

在《英国来信》（*Cartas de Ingraterra*）②中，他又写道：

> 其实，可以说人类甚至还不如他们可敬可爱的老祖宗——猴子，只除了在两件可怖之事上实现了超越：精神的煎熬与肉体的苦楚。

当达尔文在其位于唐恩村的家中去世时，埃萨已从英国纽卡斯尔调任布里斯托，继续担任葡萄牙领事。因此，当英国举国上下痛悼这位伟人之时，他也身处其中，并且必然对此前在英国爆发的有关人与猿猴间亲缘关系的论战有切身体会——如前文所述，达尔文在一开始对这个主题避而不谈，直到1871年，恰逢里斯本赌场会议（Conferências do Casino）③那年，达尔文才在《人类的由来》一书中谈及这个问题。1877年，埃萨以其一贯

---

① 引自上述中文译本《马亚一家》第175页。——译者注

②《英国来信》是埃萨发表在葡萄牙报纸上的反映英国情况的文集汇编，此处本书作者误写为《马亚一家》。——译者注

③ 又称"里斯本赌场民主会议"，指的是在诗人安特罗·德·肯塔尔倡议下，受到蒲鲁东革命思想鼓舞的"70年的一代"葡萄牙知识分子于1871年3月22日至6月26日在里斯本一家赌场中租下的大厅里举办的一系列集会，被认为是此前科英布拉论战的翻版。——译者注

直截了当的文风，在《英国来信》的一篇文章中记叙了轰动伦敦的大猩猩展览：

众所周知（不过在这个时候会想起他也是挺可笑的），达尔文是一位伟大的哲学家和博物学家，是人类起源理论的开创者，也是宣称人类是猿猴直系后裔的第一人。因此这位红毛猩猩先生，在第一次见到这位于创世中赋予其如此崇高之地位、称其为人类之祖的学者时，想必至少会亲切地同他"握个手"吧。哦！绝对不会，先生！它讨厌达尔文。它会带着那非洲血统里与生俱来的忘恩负义死死盯着他，皱起额头，咬牙切齿，怒目而视，然后转过身去背对着他。然而，再没有谁的脸比达尔文那留着长长的白胡子的面庞更慈祥、更温和的了！

以及本书的另一篇中：

这位猩猩先生游历四方，到过柏林，见过全伦敦的男女老少，在对人类世界进行了长期观察之后，却得知达尔文称他为人类之祖：于是，它对达尔文和他的理论感到愤怒不已。"什么！"他想，"这些个顶着高帽，戴着眼镜，花了 1 先令来拜访我的玩意儿，竟然是我的后裔？这些就是达尔文所谓的高级版大猩猩？这个学者竟如此毫无忌惮地抹黑我们这些尊贵的大猩猩！他真是个不折不扣的坏蛋！"于是便转身背对他。其原因显而易见：它并不觉得达尔文是一个深刻的观察者，而认为他是一个卑鄙的诽谤者！

有关人与猿猴这一话题，本书还有一段值得细品，埃萨在其中的冷嘲热讽毫不遮掩：

谁能想到，那些曾经在那古老的、火炉般的伊甸园里，在那些巨大粗壮的块茎植物上手舞足蹈的毛猴，有朝一日竟会摇身一变，成为贵族、议员、主教和报刊编辑呢？

晚年的埃萨在短篇小说《亚当与夏娃在伊甸园》（*Adão e Eva no Paraíso*）（1897）中，表露了他对创世论的看法：

亚当，人类之祖，创生于 10 月 28 日下午两点……在那个秋日的午后，耶和华慈爱地助他从树上下来——哦不，我们这位可敬的祖先一点也不俊美！

埃萨的散文风格此时已发生了极大的变化：他身体里那个被科学唤醒的青年革命者已然沉睡，取而代之的是一个守旧的唯灵论者。

19 世纪科学塑造的世界观和社会观铸就了共和主义之基。生物进化论在社会和政治层面同样影响深远。达尔文主义的倡导者将社会历史的进步，类比成了以更高级物种的出现为标志的生物进化。这一点在斯宾塞所著《论进境之理》（*Do Progresso：Sua Lei e Sua Causa*）（1857）一书的标题中不言而喻。他也因此被视为最早的实证主义者之一——在此前不久，法国哲学家奥古斯特·孔德（Auguste Comte）在《实证政治体系》（*Sistema de Política Positiva*）（1851—1854）一书中提出了实证主义，与神学和形而上学割席。这些学者的著作成了葡萄牙共和主义思想的启蒙。共和之火最初在葡萄牙知识分子的小圈子内点燃，后在 19 世纪下半叶渐成燎原之势。同哥白尼的"日心说"一样，达尔文主义再次对《圣经》的教谕提出了质疑。由于神权（教权）与君权密切相关，为了破除这种媾和关系，共和党人对二者逐个击破：针对前者，共和党人援引"宇宙"这一概念，指出世界严格遵照客观规律运行；针对后者，则主张"国家"的概念，提出国家治理应以人为本，反对教权干预。1910 年，在葡萄牙 10 月 5 日发生的革命之前几个月，共和党人安吉丽娜·维达尔（Angelina Vidal）在《阿布兰特什报》（*Jornal de Abrantes*）上发表了一篇诗作。当时人们对上帝的鄙弃在这位作家、教师、女权主义者的诗行中跃然纸上：

> 变化从无间断：它是永恒的源泉。
>
> 它是高于一切、主宰万物的法典，
>
> 它是摧毁那黑暗迷信的唯一事实。
>
> 任信众如何捶胸顿足也无济于事，
>
> 假使那上帝果真降生于人类之前，
>
> 那么他至多与那黑猩猩无甚差别。

尽管对上帝的祛魅大大提升了人的地位，但如何协调宇宙客观规律与人类自由意志之间的矛盾，仍然亟待解决。在共和党人中，以医生邦巴尔达为代表的实证主义忠实拥趸淡化了这个问题，但另一部分学者，如哲学家桑帕约·布鲁诺（Sampaio Bruno）和作家巴西利奥·特莱斯（Basílio Teles），认为有必要援引宗教或形而上学的部分观点来解释人的思想和行动。如前所述，葡萄牙第一共和国是高举着科学的旗帜建立起来的，因此大力倡导公共生活的世俗化，兴办国有公立学校。1911 年，在科英布拉大学，文学院取代了神学院，彭巴尔建立的数学院和哲学院则合并为科学院。这所古老的大学再次经历了一场丝毫不逊色于彭巴尔改革的深刻变革。

20 世纪初同样见证了遗传学的复兴，奥古斯丁修士格雷戈尔·孟德尔（Gregor Mendel）此前被埋没了数十年的成果终于大放光明。也正是在这个百年，孟德尔遗传学为达尔文主义的发展奠定了坚实的基础。葡萄牙最早的遗传学研究要追溯到贡萨尔维斯·德·索萨（Gonçalves de Sousa）发表在《农学》（*Agronómica*）（1904）杂志上的一篇文章以及阿尔曼多·科尔特桑（Armando Cortesão）的学位论文。科尔特桑原本是一位农学家，但后来却以历史学家身份著称（鲜有人知的是，他还是一位奥运选手）。1913年，他将这篇题为《论植物的变异与发展》(*A Teoria da Mutação e o Desenvolvimento das Plantas*）的论文提交给了里斯本高等农学院（Instituto Superior de Agronomia），该学院成立于1852年，今隶属于里斯本大学。

第 6 章

地球和空间科学
与对爱因斯坦学说的接受

19 世纪，随着地层学和古生物学的发展，人类对地球历史的认识逐步加深，地质学自此作为一门独立科学得到完善。在葡萄牙地球科学的一众先驱者中，有几个名字熠熠闪光：里斯本理工学校教授兼博物馆馆长弗朗西斯科·佩雷拉·达·科斯塔（Francisco Pereira da Costa），波尔图理工学院教授兼葡萄牙地质委员会主任（与前者共同担任）卡尔洛斯·里贝罗（Carlos Ribeiro），以及继任地质委员会主任的军事工程师内里·德尔加多（Nery Delgado）。诞生于 1858 年的葡萄牙地质委员会（Comissão Geológica de Portugal）是 1918 年成立的葡萄牙地质局（Serviços Geológicos de Portugal）的前身，其发展历程可谓一波三折，此处不再赘述。佩雷拉·达·科斯塔写就了葡萄牙第一部考古学专著——《论远古时期特茹河谷人类的存在》（*Da Existência do Homem em Épocas Remotas no Vale do Tejo*）（1865）。卡尔洛斯·里贝罗则凭借对穆热贝壳堤遗迹的研究一举成名，这

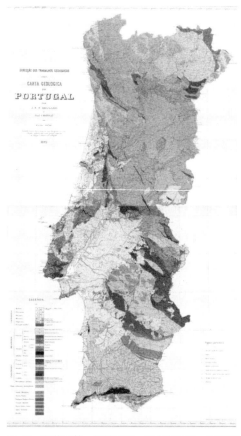

图 45　葡萄牙第一幅地质图，由卡尔洛斯·里贝罗和内里·德尔加多绘制（比例 1 : 500000）。

一遗迹的发现也使得里斯本成了 1880 年考古学国际大会的召开地。内里·德尔加多同样对古生物学和考古学深感兴趣。1876 年，葡萄牙第一张地质图（图 45）出版，该图便是由他与里贝罗共同绘制的。

　　与外国的交流也极大地促进了葡萄牙地质学的发展。英国人丹尼尔·夏普（Daniel Sharpe）是最早在葡萄牙进行实地考察的地质学家，他的工作对里贝罗的地质研究影响深远。内里·德尔加多也曾与侨居葡萄牙的瑞士地质学家保罗·乔法特（Paul Choffat）有过合作。

　　而在与地质学紧密相关的地理学领域，在葡萄牙有两个机构功不可没：一是创建于 1852 年的王国大地测量与测绘委员会（Comissão Geodésica e Topográfica do Reino），该委员会出版了多幅葡萄牙疆域图；二是葡萄牙国家非洲探索与开化委员会（Comissão Nacional Portuguesa de Exploração e Civilização de África），隶属于 1875 年成立的葡萄牙地理学会（Sociedade de Geografia de Lisboa），其主要贡献是在 19 世纪下半叶组织了一系列远赴非洲（安哥拉和莫桑比克）的探险考察之旅。1877—1880 年的考察队成员有：探险家埃尔梅内吉尔多·德·布里托·卡佩洛（Hermenegildo de Brito Capelo）、罗贝尔托·伊文斯（Roberto Ivens）和亚历山大·塞尔帕·平托（Alexandre Serpa Pinto）。但之后平托与另外二人分道扬镳，没有再参加 1884—1885 年的考察，即著名的安哥拉到孔特拉斯科塔之旅（viagem *De Angola à Contracosta*）。在 20 世纪的现代地理学界，最杰出的葡萄牙学者当数奥尔兰多·里贝罗（Orlando Ribeiro），他是里斯本大学的校友，著有《葡萄牙、地中海和大西洋》（*Portugal, o Mediterrâneo e o Atlântico*）（1945）。

与此同时，天文学也在 19 世纪迈上了新的台阶。随着光谱学的出现，天体物理学取代方位天文学，成了天文学研究的主流。在所有天体中，太阳是热门的研究对象之一，且日食之时尤甚。当时的天文学家最热衷的，就是探寻与太阳磁场密切相关的太阳活动周期性规律，并分析它对地球的可能影响。

19 世纪下半叶至 20 世纪上半叶，人们今天所称的地球和空间科学经历了一次巨大飞跃。下文将从气象学、地震学和天体物理学三个领域对此加以证明。

气象学

葡萄牙最早的气象观测是由英国医生威廉·赫伯登（William Heberden）在马德拉群岛上进行的，其结果于 1747—1753 年陆续发表在《皇家学会会刊》上。而葡萄牙本土最早的定期观测记录则收录于 1782 年的《里斯本年鉴》（*Almanach de Lisboa*）。从 1812 年起，《科英布拉报》（*Jornal de Coimbra*）开始发表科英布拉大学物理学教授拉塞尔达·洛博（Lacerda Lobo）在物理实验室所作的一系列气象观测结果。在意大利地理学家阿德里亚诺·巴尔比（Adriano Balbi）撰写的《葡萄牙 – 阿尔加维王国统计数据报告》（*Essai statistique sur le Royaume de Portugal e d'Algarve*）（1822）中，列出了一张亚历山大·冯·洪堡（Alexander von Humboldt）归纳的

图46　里斯本理工学校的路易斯王子气象观测站。

关于葡萄牙气候的表格。然而，气象观测站却迟迟未在葡萄牙建立起来。直到1843年，里斯本理工学校物理学教授吉列尔梅·迪亚斯·佩加多（Guilherme Dias Pegado）向当局提出申请，希望在校内创建一个气象观测站（图46）。

路易斯王子（Príncipe Luís）批准了该申请。观测站于1854年投入使用，它就是现在的路易斯王子地球物理研究所（Instituto Geofísico Infante D. Luís）的前身。1858年巴黎天文台的第一份气象日报中，就已经发布了来自里斯本的观测数据。自1865年起，这个位于里斯本的气象观测站每日都会发布公告，预测本市的次日天气。观测站还收集了来自其他国家的14个气象站的观测数据，其中7个在西班牙，1个在爱尔兰。气象观测网络随后逐渐扩展到了各海外殖民地，葡萄牙国家气象局由此初具雏形。

不久之后，科英布拉也紧随里斯本设立气象站的脚步。1861年，物理学教授雅辛托·安东尼奥·德·索萨（Jacinto António de Sousa）在科英布拉大学督造了一个气象观测站，该站从1864年开始投入观测工作，后在1867年与路易斯王子气象观测站建立了固定的电报联络，传送每日的晨间观测数据。

1873年，另一位来自里斯本的物理学家若阿金·弗拉德索·达·西尔韦拉（Joaquim Fradesso da Silveira）代表葡萄牙参加了第一届国际气象大会，也正是这次大会决议创建了国际气象组织。20 世纪初，主要由于经济和金融危机等原因，里斯本、波尔图和科英布拉的气象研究活动均大幅减少，这种情况直到 1921 年才有所好转。这一年，葡萄牙成立了气象学技术委员会，负责全国气象工作的组织管理。为此，该委员会曾主张建立一个气象研究中心，但这一提议未能立即落地。在海军司令安东尼奥·德·卡尔瓦略·布兰当（António de Carvalho

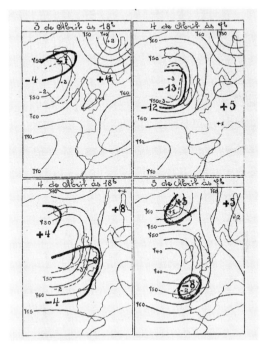

图 47　安东尼奥·德·卡尔瓦略·布兰当在 1925 年所作的气象预测图之一。根据前三张图，他成功地预测了 4 月 5 日的天气。

Brandão）（图 47）和中将埃杜阿尔多·奥古斯托·纽帕斯（Eduardo Augusto Neuparth）的倡议下，海军气象局（Serviço Meteorológico da Marinha）于 1922 年成立，并且在 1946 年以前一直承担葡萄牙国内的天气预报工作。

布兰当参加过许多国际会议，并与法国的埃米尔·德尔坎布尔（Émile Delcambre）和挪威的雅各布·比耶克尼斯（Jakob Bjerknes）等当时欧洲最知名的气象学家都有往来。他一直有志于在葡萄牙创建一个国家气象研究所，却苦于缺乏资金和专业人员而迟迟未成。然而，由于葡萄牙的亚速尔群岛具有独特的地理位置（著名的"亚速尔群岛反气旋"正是由此地而得名），国际上对于这样一个研究所的创立也是呼声不断。1946 年，葡萄牙国家气象研究所（Instituto Meteorológico Nacional）终于揭牌成立。

当时欧洲影响力最大的气象学派之一是挪威的卑尔根学派（Escola de Bergen），代表人物为比耶克尼斯父子。1927 年，雅各布·比耶克尼斯（Jacob Bjerknes）造访葡萄牙，并从卡尔瓦略·布兰当那里得知了葡萄牙政府要在亚速尔群岛建立气象观测站的计划。比耶克尼斯认为，观测站的建立能够填补北大西洋海域的数据空白，从而解决"欧洲所有科研机构在气象研究和预测方面的一大难题"。他还建议在船舶上建立无线电报发射站，以便传递观测数据。

气象学家安东尼奥·吉昂（António Gião）曾在科英布拉有过一年的学习经历，后在斯特拉斯堡（Estrasburgo）完成了余下的学位课程。1927 年，受葡萄牙海军部派遣，他前往挪威研习最新的气象学理论成果。1930 年，吉昂的《锋区和等压面中的速差动力学》（*La Mécanique différentielle des fronts e du champ isallobarique*）一书出版，德尔坎布尔和比耶克尼斯还为其撰写了前言。他曾提议在葡萄牙创建一个大气力学研究所，可惜最终未被采纳。20 世纪 60 年代初，吉昂结束了在欧洲各处的派驻任务，最终回到里斯本定居，成了里斯本大学科学院教授，还曾在古本江科学研究所（Instituto Gulbenkian de Ciência）工作。

虽然亚速尔群岛在 1901 年就已成立气象局，但位于法亚尔岛（Faial）的亚速尔群岛国际气象站（Estação Meteorológica Internacional dos Açores）直到 1929 年才开始运作。同年，在丹麦哥本哈根国际气象大会上，德尔坎布尔提到了葡萄牙在气象学方面所做的巨大贡献。他斩钉截铁地说，该国际气象站的成立是 20 世纪气象学发展进程中极其重要的事件之一。

1931 年"圣奥古斯丁之灵"号飞机从里斯本到纽约的一次失败飞行，足以证明天气预报的重要作用。出发前，葡萄牙人科斯塔·韦加（Costa Veiga）以及其他机组人员曾向葡萄牙海军气象局请求合作，以确定最佳飞行路线。然而，气象局预测的路线出现了偏差，导致此次探险以飞机失事沉没告终，所幸飞行员们成功获救。第二次世界大战期间，雷达技术的发展大大提高了航空的安全性。直到雷达的投入使用，大规模的民用航空才成为可能。

葡萄牙气象学的现代化在很大程度上要归功于里斯本大学科学院的物理学教授若泽·平托·佩绍托（José Pinto Peixoto），他曾在美国麻省理工学院研究全球大气环流，并与他人合著《气候物理学》（*Physics of Climate*）（1992）。

地震学

虽然葡萄牙境内的地震记录不在少数，但 1755 年 11 月 1 日爆发的那场里斯本大地震（图 48），就连康德、伏尔泰和卢梭等一众当时的大哲学家们都大为震惊。为了解地震所造成的损失，彭巴尔侯爵下令在王国的南部教区进行了全面调查。因此，在某种程度上，此次地震成了现代地震学的滥觞。虽然该事件纯属偶然，但葡萄牙的确由此登上了世界地球物理学的历史舞台。

1891 年，科英布拉气象地磁观测台（Observatório Meteorológico e Magnético de Coimbra）拥有了第一台地震仪（后于 1915 年结束了使命）。1900 年，科英布拉大学教授桑托斯·韦耶加斯（Santos Viegas）又从英国的乔城天文台为其购置了另一台地震仪。1908 年，埃加斯·卡尔多索 - 卡斯特罗（Egas Cardoso e Castro）受聘为观测台工作。紧接着，在 1909 年 4 月 23 日发生了 20 世纪伊比利亚半岛最强烈的地震，贝纳文特镇（vila de Benavente）成了重灾区（图 49）。

在葡萄牙，只有科英布拉的地震仪记录了这次地震的数据，多份记录影印本随后被送往国内外各大机构。为了计算震源深度，卡斯特罗对此次地震进行了研究。1909 年，他在《科英布拉研究所学刊》（*O Instituto*）上

图 48　奥格斯堡馆藏系列（Augsburgische Sammlung）中的一幅德国版画，描绘了 1755 年 11 月 1 日的里斯本大地震，今展览于里斯本城市博物馆。

图 49　1909 年 4 月 23 日贝纳文特地震后的景象。

发表了一篇题为《地球动力学》（*Geodynamica tellurica*）的文章。在这篇文章中，他对大量不同地点的受灾情况进行了观察，并为每个受灾地区划定了地震等级。接下来的几年内，陆续又有几份关于 1909 年大地震的研究报告发布，其中就有一份由葡萄牙矿物学家阿尔弗雷多·本萨乌德（Alfredo Bensaúde）和瑞士地质学家莱昂·保罗·乔法特（Léon Paul Choffat）合著的文章（1912）。

　　1910 年，各国天文台台长齐聚里斯本，以期加强在设备置办与国际合作方面的共同努力。会议决定，国际地震监测中心站的职能将由葡萄牙的路易斯王子气象观测站承担，一旦发现任何异动，其他观测站必须向其汇报。此外，自 1914 年起担任科英布拉大学地球物理研究所（Instituto Geofísico）所长的费拉兹·德·卡尔瓦略（Ferraz de Carvalho），于 1925 年在《科英布拉研究所学刊》上发表了关于地震学的长篇研究报告。

天体物理学

　　葡萄牙海军除了在气象学方面有所贡献外，在天文学上同样大有作为。在海军事务秘书罗德里戈·德·索萨·科蒂尼奥伯爵（D. Rodrigo de Sousa Coutinho）的倡议下，葡萄牙成立了海军天文台（Observatório da Marinha），于 1798—1874 年运作。第一任台长是曼努埃尔·多·埃斯皮里托·圣林波（Manuel do Espírito Santo Limpo），他是一名护卫舰舰长，同时也是皇家海军学院（Real Academia da Marinha）的数学和航海学教授。圣林波年轻时任波尔图炮兵团中士期间，曾被宗教裁判所逮捕，并与若泽·阿纳斯塔西奥·达·库尼亚一起遭到了信仰审判。天文台设立的初衷是为海军学员提供实训场所，因此它便顺理成章地建在了里斯本王城附近的海军兵工厂。遗憾的是，它实在不是一个理想的天文观测地，不但视野狭窄，而且也无法保证足够安静的观测环境。

　　海军天文台的发展史自其诞生之日起便几经坎坷。1809 年，葡萄牙王室迁往里约热内卢避难之后不久，天文台的大量观测设备也被打包装箱，送到了去往巴西的船上。尽管作了万全的准备，这些珍贵的仪器在到达大洋彼岸后还是不知所终。1822 年，由于修缮需要，天文台重新置办的仪器被转移到了里斯本皇家贵族学院，也就是如今里斯本大学博物馆的所在地。然而仪器的安装工作在那里却困难重重。1829 年，海军天文台发展史上重要的人物之一、科英布拉大学数学院博士菲利佩·福尔克（Filipe Folque）再次申请担任天文台助理。由于葡萄牙古老的裙带传统，时任台长的老福尔克也未能免俗，为自己的儿子开了后门。1843 年，皇家贵族学院发生火灾，所幸天文仪器都被抢救了出来（而且这并不是学院遭遇的最后一场大火，1978 年又发生过一起）。福尔克曾做过皇家海军学院的讲师，还为玛丽亚二世女王的王子们讲授过数学。然而，在如愿进入海军天文台工作之后，他又于 1856 年回到了皇家海军学院，并为学院的发展立下了汗马功劳。里斯本天文台的成立也离不开福尔克的贡献。里斯本天文台位于塔帕达－达阿茹达（Tapada da Ajuda），现隶属于里斯本大学。该机构受圣彼得堡的普尔科沃天文台的启发而成立，在 1867 年进行了首次天文观测，虽然在 1930 年以前一直由海军军官管理，但仍属于民用性质。鉴于海军天文台曾在 1858 年的一场地震中遭到毁损，因此，后来由于国家预算有限、无法支持两个天文台的同时运作时，海军天文台就成了被牺牲的那一个。1874 年，命途多舛的海军天文台终被放弃使用。在亲眼见证海军天文台的终结之后没几个月，福尔克便撒手人寰。天文台的部分仪器存放在海军学校，却又被 1916 年的一场大火尽数烧毁，这对于惨淡收场的海军天文台来说，无异于一场同样耻辱的"鞭尸"。

　　塞萨尔·坎波斯·罗德里格斯（César Campos Rodrigues）上将于1867 年进入刚刚成立的里斯本天文台任职，成为继弗雷德里科·奥古斯托·奥翁（Frederico Augusto Oom）之后的第二任台长。罗德里格斯对太阳视差和爱神星均进行过精准的观测，所得数据被众多国际机构所采纳。1892 年，华盛顿海军天文台的一位天文学家曾如此盛赞道："这些数据非常完整，将对研究大有助益。"因此，罗德里格斯在 1904 年能够获得由大数学家亨利·庞加莱（Henri Poincaré）担任评委、由巴黎科学院授予的大奖也绝非侥幸。坎波斯·罗德里格斯的继任者是第一任台长的儿子弗雷德里科·奥翁（Frederico Oom），与其父同名。

当时葡萄牙还有一个天文台位于里斯本理工学校（图 50），作为古迹至今依然保存良好，它的建立主要是出于教学目的。

太阳物理学在 19 世纪末到 20 世纪初开始引起广泛关注，主要研究太阳活动对地球的影响（例如对地球磁场的影响等）。在葡萄牙，该学科的发展阵地却并不在里斯本，而在科英布拉。

1907 年，科英布拉大学的数学教授弗朗西斯科·科斯塔·洛博

图 50　里斯本理工学校的天文台。

（Francisco Costa Lobo）对欧洲影响力排名靠前的几个天文台进行了调研访问，途中结识了法国天文学家亨利·德斯兰德雷斯（Henri Deslandres）。由于有着得天独厚的日照时长，因此，葡萄牙在太阳观测方面比之其他欧洲国家更具优势。其实，科英布拉天文台自 1871 年起就已经有了一台太阳照相仪。科斯塔·洛博则计划在天文台（他的儿子也在这里任职）新安装一台太阳单色光照相仪（图 51），1912 年正式开始动工。

科英布拉的太阳单色光照相仪可以拍摄到许多太阳色球层的单色图像，并将其与同样进行此类拍摄的巴黎默东天文台交流共享。由此，这两个天文台所进行的研究共同构成了国际太阳活动监测网络中不可或缺的一部分。1925 年，这台全新的太阳单色光照相仪最终在当时处于世界领先水平的科英布拉气象地磁观测台落地并投入使用。科英布拉每天都会拍下两张太阳色球层单色图像（直至今日依然如此），然后传送给默东天文台与苏黎世，

图 51　科英布拉天文台的太阳单色光照相仪，至今仍在运作。

刊登在国际天文学联合会发布的《太阳活动特征图日报》（*Bulletin for Character Figures of Solar Phenomena*）上。

科斯塔·洛博因其广泛的国际交流活动而声名大噪。他组织并参加了多场大型国际会议，例如西班牙和葡萄牙科学发展协会代表大会（科英布拉，1925；里斯本，1932），国际天文学联合大会（英国剑桥，1925；莱顿，1928；美国坎布里奇，1932），国际大地测量学和地球物理学联合大会（斯德哥尔摩，1928；里斯本，1933），以及第一届和第二届国际数学家大会（法国斯特拉斯堡，1920；加拿大多伦多，1924）。总之，在他之前很少有能与之比肩的国际化葡萄牙科学家。

在太阳物理学领域，1919 年发生在普林西比岛（当时还是葡萄牙的殖民地）的一次日食（图 52）有力地证明了现代物理学最重要的理论之一——爱因斯坦的广义相对论。英国科学家亚瑟·爱丁顿（Arthur Eddigton）组织了本次普林西比岛日食的考察活动，但遗憾的是，考察队中并没有葡萄牙天文学家。

表 14 列出了爱因斯坦学说在葡萄牙的传播发展大事记。

表 14　相对论在葡萄牙的传播发展大事记

1912 年，莱奥纳尔多·科因布拉提到狭义相对论
1917 年，弗朗西斯科·科斯塔·洛博在科英布拉研究所提到广义相对论
1919 年，爱丁顿赴普林西比岛进行日食考察
1922 年，马里奥·莫拉（Mário Mora）在科英布拉发表学位论文
1922 年，安东尼奥·桑托斯·卢卡斯（António Santos Lucas）在里斯本担任物理和数学教授
1923 年，弗朗西斯科·科斯塔·洛博在萨拉曼卡举行的第二届葡西科学进步大会上发表反相对论的学术报告
1925 年，爱因斯坦途经里斯本
1928 年，奥雷利亚诺·米拉·费尔南德斯（Aureliano Mira Fernandes）发表关于广义相对论的文章
1929 年，保罗·朗之万造访葡萄牙

续表

| 1930 年，加戈·科蒂尼奥发表反相对论的文章，受到曼努埃尔·多斯·雷斯的抨击 |
| 1932 年，埃加斯·平托·巴斯托和马里奥·席尔瓦在科英布拉反驳弗朗西斯科·科斯塔·洛博 |
| 1932 年，里斯本科学院授予爱因斯坦"荣誉会员"称号 |
| 1935 年，鲁伊·卢伊斯·戈梅斯发表关于狭义相对论的文章 |
| 1936 年，阿贝尔·萨拉查在《新党派》（Seara Nova）发表文章 |
| 1938 年，鲁伊·卢伊斯·戈梅斯在《新党派》发文批评加戈·科蒂尼奥 |
| 1946 年，安东尼奥·吉昂与爱因斯坦通信 |

爱因斯坦堪称 20 世纪最伟大的科学家，《时代》杂志在 2000 年将其评选为"世纪人物"。1905 年，爱因斯坦提出狭义相对论，肯定了伽利略和牛顿力学在低速宏观条件下的有效性，同时又对其进行了完善。此时的葡萄牙距离世界科学的前沿还很遥远：爱因斯坦的学说将空间与时间、物质与能量联系起来，这无疑是一种革命性的想法，但直到很多年以后它才传到葡萄牙；而且，首次在葡萄牙介绍爱因斯坦的并不是什么物理学家，而是一位哲学家——莱奥纳尔多·科因布拉（Leonardo Coimbra）。1912 年，即爱因斯坦的狭义相对论问世 7 年之后，莱奥纳尔多·科因布拉在里斯本大学文学院助教考试的论文中首次对相对论进行了探讨。而第一个提到爱因斯坦的葡萄牙科学家是天文学家弗朗西斯科·科斯塔·洛博，他还成为葡萄牙反对爱因斯坦学说的领军人物：1917 年，洛博在《科英布拉研究所学刊》上发文，将相对论评价为空洞的、空想的理论。在这一点上，科英布拉的两位物理和化学教授——马里奥·席尔瓦（Mário Silva）和埃加斯·平托·巴斯托（Egas Pinto Basto）不得不与这位德高望重的数学教授针锋相对：1932 年，他们在科英布拉大学的《科学院院刊》（Revista da Faculdade de Ciências）上对科斯塔·洛博的言论进行了驳斥。在地理学和大地测量学界，相对论也遭到了一位知名人士的抵制——海军上将加戈·科蒂尼奥（Gago Coutinho），他宣称自己是坚定的牛顿主义者。

图 52　1919 年 5 月 29 日普林西比岛上的日食。

1916 年，爱因斯坦将狭义相对论扩展为广义相对论。1919 年 5 月 29 日，亚瑟·爱丁顿带领一支由英国皇家天文学会的天文学家组成的考察队，在赤道附近的普林西比岛上对日食进行了观测，观测结果有力地证实了广义相对论。如前所述，这次考察并没有葡萄牙天文学家参与，这也体现出了当时葡萄牙与国际天文学界的脱节。不过，爱因斯坦和葡萄牙之间还有一段鲜为人知的缘分：他曾经到过葡萄牙——尽管只待了短短一天。那是 1925 年的 3 月，物理学家爱因斯坦应阿根廷大学的邀请，正启程前往拉丁美洲。他乘坐的邮轮从德国汉堡出发，中途在里斯本港口停靠休息。于是，下了船，想趁此机会来个葡萄牙首都一日游。结果整个里斯本竟完全没有人认出他来——要知道当时爱因斯坦早已是世界闻名的大科学家了！从爱因斯坦的旅行日记中可以看出，他那天游览了许多地方，不仅参观了圣若热城堡（Castelo de São Jorge），还去了热罗尼莫斯修道院（Mosteiro dos Jerónimos）。以下是爱因斯坦对这座城市的描述：

> 里斯本给人一种破旧而宁静的感觉。这里的生活似乎很安逸，民风淳朴，不慌不忙，可以自由散漫而不加着意地过上一整天。在这座城市的街头巷尾，古老文化的气息无处不在。

但最有意思的是，爱因斯坦在游记中对里斯本的卖鱼女郎念念不忘，称赞她们诠释了葡萄牙女性的优雅："图为一位卖鱼女郎，她头顶着一篮子鱼，神态骄傲又俏皮。"后来，在里约热内卢的科帕卡巴纳宫酒店举行的晚宴上，谈及自己在葡萄牙的短暂经历，爱因斯坦又一次赞美了这些卖鱼女郎："她们实在是太优雅了，我不知停下来欣赏了多少次。我们一行人拍了她们好多张相片，都摆在我们船上的餐桌上。"

在里约，爱因斯坦下榻在格洛里亚酒店（Hotel Glória）的一间套房，

套房门口如今 ① 摆放着一块牌匾，以此纪念这位伟人的到访。在巴西科学院，爱因斯坦就光子（也称光量子）做了一段简短的报告。早在 1905 年，也就是著名的"爱因斯坦奇迹年"，他发表了多篇划时代的文章，其中一篇就已经提出了光子的概念，并以此来解释光电效应。爱因斯坦在巴西科学院做报告时已是 1925 年，距离光子概念的问世已过去 20 年，距离他凭借光电效应的理论解释获得 1921 年诺贝尔物理学奖也已逾 4 年，但彼时巴西科学院会议上探讨的，却还是早已过时的光的微粒说。爱因斯坦其实没有去过里斯本科学院，但科学院仍授予了他"荣誉会员"称号，为此他还写了一封感谢信，至今仍保存在里斯本科学院内。

葡萄牙围绕相对论展开的论战不仅局限于科斯塔·洛博、加戈·科蒂尼奥、马里奥·席尔瓦和平托·巴斯托几人之间。相对论的其他支持者，如数学家鲁伊·卢伊斯·戈梅斯（Rui Luís Gomes）和医生阿贝尔·萨拉查（Abel Salazar）也参与其中。与此同时，反相对论也在其他国家甚嚣尘上——例如法国哲学家亨利·柏格森（Henri Bergson）提出的有关时间的错误理论。在葡萄牙，争论的主要阵地却是一些文学杂志，这表明在当时，尽管仅限于精英阶层，葡萄牙的确已经初具科学氛围。

有关爱因斯坦与葡萄牙的渊源，还应该提及他在 1946 年与葡萄牙气象学家安东尼奥·吉昂的通信。吉昂出生于葡萄牙中南部的雷根古什迪蒙萨拉什（Reguengos de Monsaraz），曾在国外生活多年，回国后在里斯本大学任教，并在卡洛斯特·古本江基金会（Fundação Calouste Gulbenkian）担任研究员。

法国人保罗·朗之万（Paul Langevin）的到访也推动了相对论在葡萄牙的传播。在时钟悖论的基础上，他提出了双生子佯谬。1930 年，郎之万访问葡萄牙期间，葡萄牙国家图书馆举办了一个物理学书籍展（并出版了

---

① 该酒店已于 2008 年关门大吉，此处疑为作者疏漏。——译者注

展出书单），由共和国总统主持开幕式。展览曾向爱因斯坦发出邀请，但未能得到回复。而当时少年成名的量子力学先驱之一——维尔纳·海森堡（Werner Heisenberg）则欣然应允了此次合作。

第7章

医学与埃加斯·莫尼兹：
"新国家"政权与科学

19 世纪生命科学的迅猛发展，点燃了葡萄牙共和主义运动的燎原之火。无论是在建立共和国的政治运动中，还是在随后组建起来的第一共和国政府中，都活跃着大量葡萄牙医生的身影。其中一位就是安东尼奥·若泽·德·阿尔梅达（António José de Almeida），他毕业于科英布拉大学，是热带病专家，后成为共和国总统。

葡萄牙第一共和国政府对科学发展的最大贡献就在于 1911 年创办了里斯本大学和波尔图大学，并在两所大学之下，依托理工学院和外科医学校为前身，分别开设了科学院和医学院。里斯本大学医学院建于圣安娜广场（Campo de Santana），该建筑原是为外科医学校而建的。至于科英布拉大学，原神学院的全体教师并入文学院；彭巴尔改革建立的哲学院和数学院则合并为科学院，后于 1973 年改建为科技学院（增设了工科专业）。此外，在阿尔弗雷多·本萨乌德（Alfredo Bensaúde）的倡议之下，里斯本高等理工学院（Instituto Superior Técnico）（图 53）于 1911 年成立。学院在成立之初便积极聘任外国教授，包括第 4 章中提到的法国化学家查尔斯·勒皮埃尔（Charles Lepierre）、研究穴居动物的瑞士地质学家欧内斯特·弗勒里（Ernest Fleury）和将玻尔量子理论引入葡萄牙的意大利人乔瓦尼·康斯坦佐（Giovanni Constanzo）等。学院的著名葡萄牙教授包括数学家奥雷利亚诺·米拉·费尔南德斯和物理学家安东尼奥·达·西尔韦拉（António da Silveira）等人。里斯本高等理工学院逐渐发展成为一所著名的工科院校，与 1926 年成立的波尔图大学工程学院并驾齐驱。

第一共和国政府的另一项功绩则是让大学之门得以向女性敞开。葡萄牙大学的第一位女性教授是德国语文学家卡罗琳娜·米哈伊利斯·德·瓦斯康塞洛斯（Carolina Michaëlis de Vasconcelos）。她于 1911 年受聘于里斯本大学，但还未来得及授课便被调往科英布拉大学，并在那里成就了一

图 53　里斯本高等理工学院主建筑群，建于 1911 年。

番事业。葡萄牙杰出的女科学家之一当数阿尔弗雷多·本萨乌德之女——玛蒂尔德·本萨乌德（Matilde Bensaúde）（图 54），她在遗传学传入葡萄牙的进程中居功甚伟。1918 年，她以一篇真菌遗传学论文顺利从巴黎大学毕业。玛蒂尔德没有选择在大学任教，而是去了位于葡萄牙奥埃拉什的国家农学站担任行政职务。20 世纪葡萄牙的另一位杰出女科学家是布兰卡·埃德梅埃·马尔克斯（Branca Edmée Marques），她与马里奥·席尔瓦（Mário Silva）和曼努埃尔·瓦拉达雷斯（Manuel Valadares）一样都是居里夫人的学生。她曾在里斯本大学科学院任教，但其教学生涯较早就中断了。

20 世纪初，葡萄牙的科学进程乏善可陈，只有医学领域的成就较为突出。在科学网（Web of Science）上进行检索后，可以得出 1900—1944 年葡萄牙的科学引文数据，如表 15 所示。

图 54　玛蒂尔德·本萨乌德访问葡萄牙农业中央协会（Associação Central de Agricultura），出席马铃薯种植示范展览会开幕式。

表 15　美国科学信息研究所（ISI）引文索引中 1900—1944 年收录的葡萄牙文章数量

1900—1914：3 篇
1915—1924：11 篇
1925—1934：3 篇
1935—1944：16 篇

由此可见，在近半个世纪中，整个葡萄牙竟然仅发表了 33 篇文章！这个数量的确少得可怜，不过我们也应做一个横向比较：同一时期的西班牙也不过只有 45 篇文章。1900—1910 年，该数据库中未曾出现过任何一个葡萄牙人的名字：只有一位在波尔图的大英医院（Hospital Britânico）工作的英国人。在第一共和国存续的 16 年里，共发表 14 篇。在随后的 16 年里（即军事独裁以及"新国家"时期），共发表 18 篇。贡献文章数量最多的是阿贝尔·萨拉查（Abel Salazar），他共有 8 篇文章被收录。被引最多的则是安东尼奥·埃加斯·莫尼兹（António Egas Moniz），他于 1937 年发表的文章被引 78 次，并为他赢得了 1949 年诺贝尔生理学或医学奖。遗憾的是，阿贝尔·萨拉查与其他众多科学家和知识分子在"新国家"时期被迫流亡海外。表 16 仅是这个超长名单的简要概览。

表 16　被"新国家"政权放逐的科学家

1. 阿贝尔·萨拉查（1935）
2. 奥雷利奥·金塔尼利亚（1935）
3. 安东尼奥·阿尼塞托·蒙泰罗（1945）
4. 本托·德·热苏斯·卡拉萨（1946）
5. 弗朗西斯科·普利多·瓦伦特（Francisco Pulido Valente）（1947）
6. 曼努埃尔·瓦拉达雷斯（1947）
7. 马里奥·席尔瓦（1947）
8. 鲁伊·卢伊斯·戈梅斯（1947）

20 世纪葡萄牙科学界的一大新闻便是出现了一批由国家出资建立的、明确用以支持科学及文化发展的机构（见表 17）。其中最早的是高级文化研究所，成立于"新国家"政权初期，负责向海内外优秀学生发放助学奖金。1974 年"康乃馨革命"之后，高级文化研究所的使命告一段落，被其他机构所取代。如今的卡蒙斯学院（Instituto Camões）正是以该机构为前身，致力于在全世界范围内传播葡萄牙语言和文化。

表 17　20 世纪支持科学和科学教育发展的机构列表

1. 高级文化研究所（IAC，Instituto de Alta Cultura）（1936—1976）

2. 国家科学技术研究委员会（JNICT，Junta Nacional de Investigação Científica e Tecnológica）（1967—1995）

3. 国家科学研究院（INIC，Instituto Nacional de Investigação Científica）（1977—1992）

4. 科学技术基金会（FCT，Fundação para a Ciência e a Tecnologia）（1997— ）

20 世纪葡萄牙科学发展的成就固然有之，然而险阻更甚，下面要介绍的这四位科学家的生平便是最好的诠释。他们分别在当时葡萄牙仅有的三所大学里任教：波尔图大学、科英布拉大学和里斯本大学。四位科学家都对各自领域起到了深刻的变革性影响，但可惜的是，他们的科研工作都因为政治原因而被中断或歪曲。其他一些科学家的遭遇（详细介绍参见书末附录中的科学家简介）也可作为佐证，例如致力于相对论研究的波尔图大学教授鲁伊・卢伊斯・戈梅斯（Ruy Luís Gomes），完善真菌遗传学的科英布拉大学教授奥雷利奥・金塔尼利亚（Aurélio Quintanilha），还有以科学普及工作著称的数学家兼里斯本大学教授本托・德・热苏斯・卡拉萨（Bento de Jesus Caraça）。

阿贝尔·萨拉查

萨拉查是波尔图大学的著名医生。他于 1909 年起就读于波尔图外科医学校，求学期间频繁参加各种学术活动，很快便在国际学界声名鹊起。毕业后，萨拉查在波尔图大学医学院（1911 年由波尔图外科医学校更名而来）担任组织学和胚胎学教授。他以针对卵巢结构和发育展开的严谨研究而著称，为此，他创造了单宁酸 – 氯化铁媒染法，后来也被称为"萨拉查媒染法"。萨拉查还研究过血液学，著有《血液学》（*Hematologia*）（1944）一书。他先后撰写了一百多篇科研论文。然而，过度劳累导致的疾病使他不得不停止自己狂热的科研工作。可当 4 年后萨拉查终于病愈归来时，他曾经奋战的实验室早已拆除，空余苍白的回忆。重返工作的萨拉查开始对哲学和科学普及产生了兴趣，尤其热衷于风靡一时的维也纳学派的新实证主义思想。20 世纪 30 年代，他在《新党派》（*Seara Nova*）、《朝阳报》（*Sol Nascente*）和《恶魔报》（*O Diabo*）等众多期刊上发文，为新实证主义摇旗呐喊。他在当时给一个朋友的信中写道：

> 接下来我要说的才是重点：我们的斗争绝不能松懈，要在一切可以有所作为的领域对敌人开展斗争。我将在我坚守至今的这片阵地上继续奋斗……由于我已被剥夺了发声的权利，只能依托书籍和报刊来进行斗争：我已开始在《北方人民报》（*Povo do Norte*）上发表一些面向广大群众的文章，这些文章不会用晦涩的专业术语来唬人……在我看来，这种以哲学、形而上学、科学、历史等话题为外衣的斗争运动，或许能够行之有效。

不幸的是，他的事业在 1935 年再度被迫中断，这一次不是因为疾病，而是被奥利维拉·萨拉查（Oliveira Salazar）独裁政府的一纸政令无故开除。这是"新国家"政权针对大学教授开展的第一次大清洗运动，后来在 1947 年又一次故技重施。萨拉查被迫离职后，尽管由于资金缺乏而处处受限，但他仍然积极投身于科学事业。同时，他还尤其热衷于造型艺术，包括素描、绘画和雕塑等，是为数不多的对艺术感兴趣的葡萄牙医生之一——除他之外，还有 20 世纪的艺术批评家雷纳尔多·多斯·桑托斯（Reynaldo dos Santos）和英年早逝的画家马里奥·博塔斯（Mário Bottas）。如今，萨拉查的许多艺术作品可以在他的故居里看到，也就是波尔图大学下属的阿贝尔·萨拉查故居博物馆（Casa Museu de Abel Salazar），位于圣马梅德－德因费斯塔（S. Mamede de Infesta）。

这位波尔图医生的大名，如今已与波尔图大学于 1975 年创建的阿贝尔·萨拉查生物医学研究所（Instituto de Ciências Biomédicas Abel Salazar）紧紧联系在一起。1946 年，萨拉查因病去世，享年 57 岁，实为葡萄牙科学界的一大损失。他的葬礼最终发酵成了一场反对独裁政府的示威游行，足见其威望之高。

阿贝尔·萨拉查在其他领域的广泛兴趣丝毫没有影响到他对医学研究做出的杰出贡献，毕竟他说过："只懂医学的医生，一定不是好医生。"

马里奥·席尔瓦

1922 年，马里奥·席尔瓦毕业于科英布拉大学物理和化学专业。他的学术生涯一帆风顺，直到 1947 年在萨拉查新政府的第二轮大清洗运动中遭到免职而被迫中断。早在 1921 年，仍在校就读的席尔瓦便开始了他的职业生涯，在科英布拉大学科学院担任教授第二助教。1925—1928 年，他在巴黎攻读博士学位，师从 1903 年诺贝尔物理学奖和 1911 年诺贝尔化学奖得主——居里夫人（也是迄今为止唯一一个在两个不同科学领域获得诺贝尔奖的人）。1929 年，席尔瓦被任命为科英布拉大学科学院的助理教授。1931 年，在获得博士学位 3 年后，他成为科英布拉大学物理学教授。同年，他被任命为物理实验室主任。

席尔瓦与弗雷德里克·约里奥（Frédéric Joliot）同时加入巴黎镭学研究院。约里奥在一年后与刚刚获得博士学位的居里夫人长女伊雷娜·居里（Irène Curie）成婚（二人后于 1925 年获得诺贝尔化学奖）。席尔瓦在镭学研究院攻读博士学位期间，曾在居里夫人授课或演讲时负责协助进行实验演示，并有幸接触到当时科学界的许多大人物，例如法国物理学家保罗·朗之万（后曾到访科英布拉）和让·佩兰（1926 年诺贝尔物理学奖得主，曾将马里奥·席尔瓦的部分学术报告推介给巴黎科学院）。在导师居里夫人的引荐下，席尔瓦还结识了许多在当时造访巴黎的重量级物理学家，比如阿尔伯特·爱因斯坦和尼尔斯·玻尔。这一时期科学界最热门的话题就是量子理论，该理论完美解释了包括放射性在内的多种物理现象。巴黎镭学研究院在当时成了世界科学研究的"圣地"。席尔瓦用如下文字，再现了他在居里夫人的课堂上协助进行实验演示的情形。

……由于实验室已无空缺职位，居里夫人就把我安排在了她的教室里，以便完成我的头几篇文章……这就是为什么我有幸深度参与了她的理论课程筹办工作，并在她那令人叹为观止的课堂上协助进行实验演示。我永远无法忘记第一次陪同她走进教室时的心情，那一天，她将在那里向上百名听众分享有关放射性衰变理论的研究成果。听众们纷纷站起身来迎接她，掌声一如既往地经久不息。由我负责预先搭建并检查的实验，成了课堂上最引人注目的环节之一：我向全体观众演示了放射性衰变的速率，镭原子裂变时发出的爆裂声清晰可闻……我松了一口气。在我人生中最难忘的那一分钟里，我恍惚觉得，好像那雷鸣般的掌声也送给了这个站在一旁并不起眼的、刚刚经历了整个学术生涯中最高光时刻的葡萄牙人。

1928 年,席尔瓦以最高评价等级(très honorable)获得了巴黎大学的国家科学博士学位。他的学位论文题为"气体电亲和性的实验研究(*Recherches expérimentales sur l'électroaffinité des gas*)",答辩委员会由三位法国大科学家组成:居里夫人(作为答辩委员会主席)、佩兰以及德比埃尔内(锕元素的发现者)。在居里夫人的引荐下,该论文于 1929 年发表在《物理年鉴》(*Annales de Physique*)期刊。同年,席尔瓦回到科英布拉大学,开始了他的核物理学研究,但期间遭遇了重重阻力。他与医学教授阿尔瓦罗·德·马托斯(Álvaro de Matos)携手,于 1931 年创建了科英布拉镭学研究所。这本应成为葡萄牙第一个原子核物理研究所以及第一个肿瘤研究所,而且居里夫人当时甚至已经答应前来参加研究所开幕式,但该研究所还是在临近完工之际功亏一篑。席尔瓦被大学开除教职,科研工作自此被迫中断。

马里奥·席尔瓦对科学史也颇感兴趣。1934 年,他开始了 1772 年彭巴尔改革所创建的第一个物理实验室中遗留资产的收集和修复工作(其中一部分已在物理实验室门口举行的拍卖会中转手他人)。1938 年,他向里斯本科学院提交了一份相关报告,如今这批文物藏于科英布拉科学博物馆。

此外,席尔瓦还是葡萄牙开发无线电发射的先驱者之一。1933 年,他与科英布拉大学文学院的一位教授共同设计了葡萄牙最早的无线电发射器之一:科英布拉大学发射器。同年,《科学院院刊》上的一篇文章中对这台仪器进行了描述。然而,这台无线电发射器被放在物理实验室大楼的阁楼之上,偶尔才能派上用场,于是该项目最终无疾而终。20 世纪 40 年代,席尔瓦起草了一份围绕无线电研究开设电气技术工程课程的提案,但终究未能得到落实。

在第二次世界大战后初期,葡萄牙社会处处洋溢着对政治变革的渴望。席尔瓦的公共政治活动始于 1946 年,他被任命为民主团结运动组织（MUD，Movimento de Unidade Democrática）科英布拉区委员会的副主席。同年，他被政治警察——国家安全警备总署（PIDE，Polícia Internacional de Defesa do Estado）以莫须有的罪名逮捕，并被监禁了两个月。1947年6月，在第二轮大清洗运动中，科英布拉大学遵照政府指示，将包括席尔瓦在内的众多大学教授强制解聘。席尔瓦不甘心地提出抗议，但终究是枉费力气。被迫离开大学的席尔瓦自1950年起被飞利浦公司聘为科学顾问，直至1966年卸任。他还做过私人教师和百拉达葡萄酒销售员。在1961年的大选中，席尔瓦成了全国议会反对党议员候选人。曾是他学生的科英布拉物理教授若泽·维加·西芒（José Veiga Simão）终于为他平反昭雪，恢复名誉。1971年，根据时任教育部长维加·西芒的批示，席尔瓦被任命为计划建于科英布拉的国家科技博物馆（Museu Nacional da Ciência e da Técnica）的规划委员会主席。为此，人们在科英布拉的一家酒店里为他举行了庆祝晚宴。国家安全警备总署闻风而来，对此事作了相关调查，还不忘给出席晚宴的教育部长记上了一笔。1976年，国家科技博物馆正式成立，由马里奥·席尔瓦出任第一任馆长（该博物馆已于2011年黯然倒闭）。同年，在阔别教职岗位29年之后，他被恢复了科英布拉大学教授的身份。

马里奥·席尔瓦的另一大贡献是成功地将许多外国科学家留在了葡萄牙，这些科学家大多是犹太人，因纳粹主义在中欧肆虐而逃亡葡萄牙。其中最著名的是奥地利物理学家圭多·贝克（Guido Beck），他曾是维尔纳·海森堡的助手，1941—1943年在葡萄牙暂居，之后去往巴西和阿根廷。贝克在葡萄牙居住的短短两年里，成功地培养出了理论物理学领域的第一位葡萄牙博士若泽·卢伊斯·马尔丁斯（José Luís Martins），并与他在《物理评论》（*Physical Review*）上合作发表了一篇文章。曾到过葡萄牙的还有普罗卡（Proca）和贝内代蒂（Benedetti），均为著名的核物理学家，他们离开后各有去向（前者去了英国，后者去了美国），如果当时他们选择留在了葡萄牙，那么葡萄牙的物理学面貌必定焕然一新。还有一个非犹太科学家也曾到过科英布拉，他就是奥地利的沃尔特·韦塞尔（Walter Wessel），曾是马克斯·玻恩（Max Born）的学生。

安东尼奥·阿尼塞托·蒙泰罗（António Aniceto Monteiro）

1907 年，蒙泰罗出生于安哥拉的木萨米迪什（Moçâmedes，今称纳米贝）。这位数学家的坎坷人生同样是 20 世纪葡萄牙科学家的艰辛写照。1945 年，蒙泰罗被迫流亡巴西，面对当地葡萄牙大使馆的诘难，他又不得不辗转至阿根廷定居，在那里度过了他的大部分余生。1974 年"康乃馨革命"后，蒙泰罗回到了葡萄牙，但没多久又再次返回阿根廷，1980 年在当地去世。

蒙泰罗除了是一位伟大的数学家（2006 年在马德里举行的国际数学大会上推出了八卷本《安东尼奥·蒙泰罗文集》，并附有 DVD 版本，足见其影响力之巨），同时也为推动葡萄牙数学的发展做出了重大贡献。他留给后世的不仅有等身的著作，更有众多的学生和学术机构。蒙泰罗在 1940 年参与创建葡萄牙数学协会（Sociedade Portuguesa de Matemática），并被一致推选为第一任秘书长。他还于 1937 年创办了至今仍在出版的学术期刊《葡萄牙数学》（*Portugaliae Mathematica*）（图 55），又于 1939 年创办了发表教学

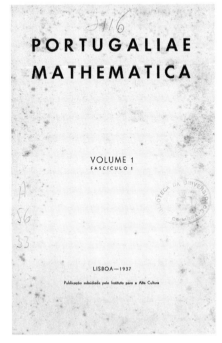

图 55 《葡萄牙数学》第一卷（1937），该期刊至今仍在出版。

和科普文章的《数学报》(*Gazeta de Matemática*),同样延续至今。

蒙泰罗出生在安哥拉,父亲是驻扎当地的一名葡萄牙军官。父亲在他 8 岁时去世,母亲便把他带回到里斯本,送进军事学校(Colégio Militar)读书。蒙泰罗从小就在学习科学方面展现出极高的天赋,尤其是在数学领域。1925—1930 年,他就读于里斯本大学科学院。毕业后,在 1931—1936 年,他拿到了高级文化研究所的奖学金,在巴黎大学攻读博士学位,师从莫里斯·弗雷歇(Maurice Fréchet)。

学成归国后,蒙泰罗以一腔热血投身祖国的科学事业。1936 年,刚刚回国的蒙泰罗就与安东尼奥·达·西尔维拉(António da Silveira)和曼努埃尔·瓦拉达雷斯合作,在里斯本成立了数理化研究中心(Núcleo de Matemática, Física e Química),旨在促进精密科学领域的学术交流。两年后,他获得了里斯本科学院的表彰。此后,他又在里斯本成立了一般性研究研讨会(Seminário de Análise Geral)和数学研究中心(Centro de Estudos Matemáticos)。1943 年,他与鲁伊·卢伊斯·戈梅斯和奥雷利亚诺·米拉·费尔南德斯一起成立了数学研究委员会(Junta de Investigação Matemática)。

出人意料的是,这位年轻有为、才华横溢的数学家却没能进入任何一所高校任职。1938—1943 年,他没有稳定的收入来源,只能靠当私人教师或在高级文化研究所从事书目编校工作谋生。他之所以沦落至此,是因为在当时要想成为高校公职人员,必须在一份宣誓效忠"新国家"政权的声明上签字——而这位学者不愿为此折腰。他的朋友阿尔曼多·吉朗(Armando Girão)回忆道:

> 看到阿尼塞托如此固执,我终于忍不住问他:原来你是个共产党员——这就是你不肯签字的原因么?阿尼塞托立刻反驳道:我不是共产党员,我也不认为以后我会加入共产党。但那份声明中要我发誓说"我不是共产党员,将来也不会是……"——这就是

我不能接受的！我不接受任何对我思想的束缚！

　　果不其然，蒙泰罗最终被迫流亡海外。与他一同被逐出葡萄牙的，还有那个时代的葡萄牙数学。1944 年，当时身在波尔图的蒙泰罗（应数学研究委员会的邀请，自 1943 年起他曾在当地暂居一年左右，举办了一系列研讨会）在给圭多·贝克的一封信中写道："我非常感谢您的引荐。因为我已经没法继续在这个国家生活下去了，离开是唯一的选择。我已下定决心，永远离开我的祖国。"

　　蒙泰罗之所以能够得到里约热内卢联邦大学（Universidade Federal do Rio de Janeiro）抛出的橄榄枝并出任高等分析学教授，不仅是因为贝克的帮助，也因为得到了当时已经成名的阿尔伯特·爱因斯坦和约翰·冯·诺伊曼（John von Neumann）的推荐。在里约，蒙泰罗对科学的狂热仍在继续：他积极参与了巴西物理研究中心（Centro Brasileiro de Pesquisas Físicas）的筹建工作。由于政治原因，他与里约热内卢联邦大学的聘用合同未能续签，于是便去了阿根廷圣胡安的库约国立大学（Universidade Nacional de Cuyo）任教。1956 年，素来在学术活动中十分活跃的蒙泰罗收到朋友鲁伊·卢伊斯·戈梅斯（同样是被逐出葡萄牙的科学家）的邀请，前往阿根廷的巴伊亚布兰卡（Bahia Blanca），于 1957 年开始在刚刚成立的南方国立大学（Universidade Nacional del Sur）任教，为此他还拒绝了布宜诺斯艾利斯大学和智利圣地亚哥大学的邀请。在南方国立大学，蒙泰罗再次展现了他科研天赋以外的过人的组织能力。1975 年，就在蒙泰罗本欲退休之际，南方国立大学校长却援引在阿根廷刚刚颁布的反恐怖主义法，禁止他进入大学。直到 1977 年，蒙泰罗才在久别故国后回到葡萄牙，并被授予古本江科学技术奖。当他再度回到阿根廷时，政治局势已经平静下来，最终他在巴伊亚布兰卡去世。

　　蒙泰罗曾写过一些诗歌。有一首 1959 年他创作的诗作，题为《望乡》

（*Saudade*），其中的四行诗句可谓写尽了他的一生：

> 我看见故人离散
>
> 无尽斗争与苦难
>
> 我看见希望落空
>
> 却又千百次重生。

安东尼奥·埃加斯·莫尼兹

尽管上文已经介绍了许多在 20 世纪葡萄牙科学史上赫赫有名的科学家，但其中最为声名远扬的另有其人——他就是安东尼奥·埃加斯·莫尼兹，葡萄牙第一位诺贝尔奖获得者。1949 年，他凭借自创的前额叶切除术，与瑞士医生瓦尔特·鲁道夫·赫斯（Walter Rudolf Hess）共同获得了诺贝尔生理学或医学奖（一些"新国家"执政党人因此讥讽他为"半个诺贝尔奖得主"）。

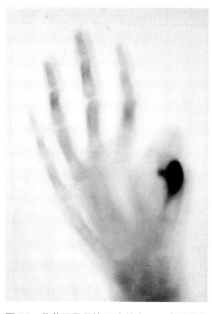

图 56　葡萄牙最早的 X 光片之一，由科英布拉大学教授恩里克·泰谢拉·巴斯托斯拍摄于 1896 年。

埃加斯·莫尼兹出生在阿威罗附近的阿万卡（Avanca），如今人们可以在那里参观埃加斯·莫尼兹故居。莫尼兹初次接触到 X 射线技术是在 1896 年，当时他还在科英布拉大学医学院就读，便与物理教授恩里克·泰谢拉·巴斯托斯（Henrique Teixeira Bastos）合作，成功制造出了 X 射线（图 56），这时距离德国物理学家威廉·伦琴（Wilhelm Roentgen）在维尔茨堡大学发现 X 射线仅仅过去了两个月。

许多年后，莫尼兹仍对他早年参与的这些 X 射线实验记忆犹新：

> 这是一个迄今依然众口一词的事实：没有任何科学发现能像伦琴的 X 射线那样迅速地投入实际应用。不过，当时的科英布拉还没人能够制造出 X 射线。而当我们成功将它制造出来时，那种兴奋和喜悦令我永生难忘。

1899 年，从科英布拉大学毕业后的莫尼兹留校任教。1901 年，他获得了医学院博士学位，论文题为《性生活：生理学和病理学》（*A Vida Sexual-Fisiologia e Patologia*），并以专著形式出版。该书内容对于当时的葡萄牙社会过于前卫，以至于在“新国家”政权时期，只能凭医师处方才能购买。1910 年，他通过了科英布拉大学的教职考试，升任为正式教授。第二年，他就去了里斯本大学当年新开的医学院任教，其中一部分原因应当是在首都里斯本工作更有利于他在政界施展抱负。在第一共和国时期，莫尼兹曾先后担任葡萄牙驻马德里大使（1917）以及葡萄牙外交部部长（1918），并代表葡萄牙参加了举世瞩目的巴黎和会。然而，第一共和国结束后，他便退出了政坛，全身心地投入科学事业当中。

莫尼兹早年做过的 X 射线研究便是在这时派上了用场，帮助他成了脑血管造影术的发明者。这种技术可通过在血管中打入显影剂，让脑血管在 X 光片中清晰可见，从而便于医生诊断脑部疾病（图 57）。

然而，尽管这一伟大成就已经足够为他赢得一块诺贝尔奖牌，但最终使他站上瑞典学院领奖台的却是这之后的另一项发明。在 1935 年伦敦举行的神经病学大会上，莫尼兹听到了一份关于对大猩猩进行脑部手术的研究报告，该报告称手术使实验体的行为更加温和，降低了它们的危险性。他

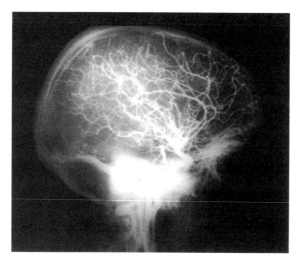

图 57　埃加斯·莫尼兹的脑血管造影片。

立即想到可将这种技术用于治疗严重的精神病患者。后来，他因为"发现了前额叶切除术对于部分精神疾病的治疗价值"而被授予诺贝尔奖。这种通过切除精神病人的部分大脑而取得疗效的新技术很快便风靡世界，一位美国医生沃尔特·弗里曼（Walter Freeman）更是其中翘楚，总共实施了上千台前额叶切除手术。在葡萄牙，也有不少名人接受过前额叶切除术，包括作家拉乌尔·普罗恩萨（Raul Proença）以及萨拉查的继任总理马尔塞洛·卡埃塔诺（Marcello Caetano）之妻特蕾莎·卡埃塔诺（Teresa Caetano）。然而，如今这种技术早已遭到禁止，莫尼兹所获的诺贝尔奖也在一些地方饱受争议。但应当注意的是，我们不能只用现在的眼光来看待过去。

埃加斯·莫尼兹高明的医术得到了众多当代名人（尽管并非与他处在同一时代）的赞美，如诗人马里奥·德·萨·卡内罗（Mário de Sá Carneiro）和费尔南多·佩索阿（Fernando Pessoa）。前者与莫尼兹之间还有一段广为流传的轶事：萨·卡内罗给莫尼兹讲了自己构思的一个有关灵肉分离的故事，莫尼兹便提到了一首诗，说是他在杂志《俄耳甫斯》[①]（Orfeu）中读到的：

[①] 葡萄牙现代主义文学杂志，首刊于 1915 年 3 月在里斯本发行。虽然仅出版两期后便夭折，但对其后葡萄牙文学的现代主义运动产生了深远影响，佩索阿、卡内罗等当代文学巨匠也因此得名"俄耳甫斯一代"。——译者注

　　咖啡馆无形的桌子疯了

　　我的胳膊刚刚掉了……

　　看，他跳着华尔兹来了，

　　穿着燕尾服，梭行在总督府的厅房……

　　（我攀着不存在的绳梯向上爬去

　　而我的焦虑是一架残破的高空秋千……）

萨·卡内罗立刻叫道：

这就是我写的诗啊！

　　与米格尔·邦巴尔达（Miguel Bombarda）一样，莫尼兹也被他的一个病人开枪射伤，虽然一度伤情危殆，但所幸最终性命无虞。莫尼兹著有多部科学著作（见表 18）和自传，例如有关其青少年时期经历的《我的家》（*A Minha Casa*）和讲述其科学生涯的《一位科研人员的自白》（*Confidências de um Investigador Científico*）。除了诺贝尔奖之外，莫尼兹还获得了无数来自国内外的荣誉和表彰。

表 18　埃加斯·莫尼兹的主要科学著作

1.《白喉的解剖病理学变化》（*Alterações Anatomo-Patologicas na Difteria*），科英布拉，1900

2.《性生活：生理学和病理学》，第 19 版，科英布拉，1901

3.《脑肿瘤诊断和脑动脉造影检查》（*Diagnostic des tumeurs cérébrales et épreuve de l'encéphalographie artérielle*），巴黎，1931

4.《脑血管造影在解剖学、生理学和临床中的应用和结果》（*L'Angiographie cérébrale, ses applications et résultats en anatomie, physiologique et clinique*），巴黎，1934

5.《针对部分精神疾病的手术疗法探索》（*Tentatives opératoires dans le traitement de certaines psychoses*），巴黎，1936

续表

6.《前额叶切除术：针对部分精神疾病的外科疗法》（*La Leucotomie préfrontale. Traitement chirurgical de certaines psychoses*），都灵，1937
7.《脑血管造影临床技术》（*Clinica dell'angiografia braine*），都灵，1938
8.《脑动脉和脑静脉造影》（*Die Cerebrale Arteriographie und Phlebographie*），柏林，1940
9.《颈动脉血栓和其他堵塞症状》（*Trombosis y otras obstrucciones de las carótidas*），巴塞罗那，1941
10.《论我是如何实施前额叶切除术的》（*Como Cheguei a Realizar a Leucotomia Pré-Frontal*），里斯本，1948
11.《前额叶切除术》（*Die Präfrontale Leukotomie*），柏林：精神病学与神经病学档案，1949

　　埃加斯·莫尼兹还在里斯本大学医学院内创办了里斯本血管造影学派，这在葡萄牙十分罕见。学派带头人是他的主要合作伙伴，甚至可以说是他字面意义上的"左膀右臂"——佩德罗·德·阿尔梅达·利马（Pedro de Almeida Lima）。这是因为莫尼兹长年患有痛风，导致手部关节严重畸形，根本无法上台进行手术，只能假手他人。学派成员还有雷纳尔多·多斯·桑托斯（Reynaldo dos Santos）和若昂·西德·多斯·桑托斯（João Cid dos Santos）父子等人（他们绝非唯一一对医生父子，不过埃加斯·莫尼兹并无子嗣）。在波尔图工作的医生马里奥·科里诺·德·安德拉德（Mário Corino de Andrade）也曾拜访过埃加斯·莫尼兹的实验室，他的主要贡献是发现了"小脚病"（doença dos pezinhos），即今天所说的家族性淀粉样多发性神经病变。

　　表19列出了部分（注意只列出了一部分）在20世纪葡萄牙三大高校凭借各自领域的成就而扬名立万的葡萄牙医生。

表19　20世纪里斯本大学、波尔图大学和科英布拉大学医学院的部分
葡萄牙医生及其专业（按出生时间顺序排列）

1.茹利奥·德·马托斯（Júlio de Matos）（1856—1922），精神病学——里斯本
2.安东尼奥·埃加斯·莫尼兹（1874—1955），神经病学——科英布拉和里斯本

续表

3. 马蒂亚斯·费雷拉·德·米拉（Matias Ferreira de Mira）(1875—1953), 生理化学——里斯本
4. 马克·阿蒂亚斯（Mark Athias）(1875—1947), 组织学——里斯本
5. 埃利西奥·德·莫拉（Elysio de Moura）(1877—1977), 病理学和神经病学——科英布拉
6. 若泽·索布拉尔·西德（José Sobral Cid）(1877—1941), 精神病学——里斯本
7. 弗朗西斯科·任蒂尔（Francisco Gentil）(1878—1964), 外科——里斯本
8. 雷纳尔多·多斯·桑托斯（1880—1970）, 外科——里斯本
9. 奥古斯托·塞莱斯蒂诺·达·科斯塔（Augusto Celestino da Costa）(1884—1956), 组织学和胚胎学——里斯本
10. 弗朗西斯科·普利多·瓦伦特（1884—1963）, 内科——里斯本
11. 费尔南多·比赛阿·巴雷托（Fernando Bissaia Barreto）(1886—1974), 外科——科英布拉
12. 阿贝尔·萨拉查（1889—1946）, 组织学和胚胎学——波尔图
13. 佩德罗·德·阿尔梅达·利马（1903—1982）, 神经病学——里斯本
14. 马里奥·科里诺·德·安德拉德（1906—2005）, 神经病学——波尔图
15. 恩里克·巴拉奥纳·费尔南德斯（Henrique Barahona Fernandes）(1907—1992), 精神病学——里斯本
16. 若昂·西德·多斯·桑托斯（1907—1978）, 外科 里斯本
17. 阿尔梅林多·莱萨（Almerindo Lessa）(1909—1995), 血液学——里斯本
18. 若昂·米勒·格拉（João Miller Guerra）(1912—1993), 神经病学——里斯本
19. 雅伊梅·塞莱斯蒂诺·达·科斯塔（Jaime Celestino da Costa）(1915—2010), 外科——里斯本

　　尽管"新国家"政府对科学家并不友好（例如没有对埃加斯·莫尼兹获得诺贝尔奖给予足够的重视），也没有充分理解到科学对社会发展的重要性，但毕竟还是在实现国家某些领域的现代化方面做出了一定的努力，其中就包括一些大型公共工程的修建。在医疗领域，"新国家"建设了多所医院，例如 1953 年的里斯本圣玛丽亚医院（Hospital de St.ª Maria）和 1959 年的波尔图圣若昂医院（Hospital de S. João）。同时，萨拉查政府还扶持了部分产业部门（如石化、钢铁、纺织、塑料、食品产业等），旨在满足国

家发展的需求。

在能源领域，"新国家"政府建设起了新的水坝网络，并大幅拓展了电网的覆盖范围。如果从科学史的角度来看，"新国家"的其中一项规划尤为可圈可点，那就是在研究和开发原子能发电方面竭力赶上战后世界各国的脚步。

1942 年，世界上第一个实验性核反应堆在美国芝加哥的一个体育场看台下成功运行，次年，第一个工业反应堆便在美国橡树岭开始投入使用。20 世纪 50 年代末至 60 年代初，在美国总统德怀特·艾森豪威尔（Dwight Eisenhower）的"和平利用原子能计划"的推动下，葡萄牙在核科学与工程领域进行了大量投资——要知道，葡萄牙几乎早在 20 世纪初就已经开采出了乌尔热里萨铀矿（Urgeiriça）；第二次世界大战接近尾声时，又在当时仍为葡殖民地的莫桑比克发现并开采了铀矿脉。葡萄牙的国家核能研究最早可以追溯到 1954 年核能委员会（Junta de Energia Nuclear）的成立。如今葡萄牙的核技术研究所（Instituto Tecnológico e Nuclear）的前身——核物理与工程实验室（Laboratório de Física e Engenharia Nuclear），于 1957 年开始在萨卡文（Sacavém）动工，其建设计划包括一座池式核反应堆，以浓缩铀为燃料（但后来使用的是非浓缩铀），以水为慢化剂，最大功率可达 1 兆瓦。

葡萄牙的这座研究用核反应堆自 1961 年 4 月 25 日开始运行，一直以来都对核科学与工程领域的教学发挥了巨大作用（图 58），不仅催生了大量科技著作，而且还培养了众多专业人才。

现今全世界仅有大约 270 个研究用核反应堆，而葡萄牙尽管在过去一度踌躇不前，但终于可以为拥有一个具有完美运行记录的核反应堆而扬眉吐气。曾经在很长一段时间里，葡萄牙国内对于是否要建设核电站还时有争议。但在 1974 年"康乃馨革命"之后，争议的声音便消失了——至少已经几乎听不见了，因为核能问题已几乎不会再被作为公共议题讨论。

图 58 位于萨卡文的研究用核反应堆，1961 年建成，至今仍在运作。

第8章

欧　盟

　　20 世纪 60 年代至 70 年代，在高级文化研究所（IAC）和国家科学研究院（INIC）的相继推动下，葡萄牙创办了多个分属于里斯本大学、波尔图大学和科英布拉大学的科研中心。而成立于 1956 年的卡洛斯特·古本江基金会则在 1961 年设立了古本江科学研究所，该所主攻生物学领域研究。

　　1974 年 4 月 25 日"康乃馨革命"爆发，以及 1986 年葡萄牙加入欧盟，这两个大事件使得葡萄牙科学开始腾飞。大量欧盟基金被用于科研奖学金的设立以及科学基础设施的建设，葡萄牙由此迎来了科学领域的知识大爆炸。1995 年[1]，葡萄牙科学技术部诞生。1996 年，葡萄牙科学技术基金会（FCT）成立，其前身为承接了国家科学研究院部分职能的国家科学技术研究委员会（JNICT）。葡萄牙科学自此得到了前所未有的国际化发展，各个领域都有众多葡萄牙科学家走出国门，同时也有许多外国科学家来到葡萄牙。这一时期葡萄牙也开始对科研人员的学术活动展开标准化评估，同

---

① 作者误写为 1975 年。——译者注

时继续加强科学基础设施建设，建成了多座大型设施，还加入了多个国际科学组织。社会科学和人文科学领域也取得了格外显著的进步，并不断扩展出新的学科分支。由于大学难以迅速和充分地消化国家提供的海量资源，许多由私人创办的非营利性公益机构就此应运而生，即所谓的联合实验室，与各个国家实验室（如兽医学实验室、里卡尔多·若尔热研究所和国家土木工程实验室）相得益彰，不过部分国家实验室的发展并没有达到预期目标。除了古本江科学研究所，在生物医学领域还出现了另一个规模较大的私人研究中心，由尚帕利莫基金会（Fundação Champalimaud）出资创立。

葡萄牙政府对科学的投资力度也在不断增强，在 2010 年已经达到国内生产总值的 1.5%，主要体现于研究人员和科研项目数量的增加，其事实佐证有二：一是在国内外（且国内比重越来越高）获得博士学位并得到葡萄牙机构认证的学者人数飞速增长（图 59）；二是葡萄牙的科学发表数量也相应有所增加。

科学文化的普及程度也得到了显著提高。效仿当年的"宇宙百科"系

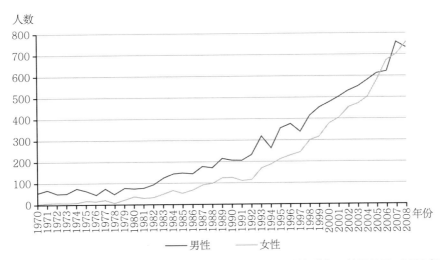

图 59　葡萄牙 Pordata 网站上自 1970 年以来的博士人数增长数据。结果显示，2006 年葡萄牙女性博士人数曾一度超过男性。（数据引自：Fontes/Entidades: GPEARI/MCTES, PORDATA-(C) FFMS-Powered by Agle Reporting Services）

列丛书（*Biblioteca Cosmos*），格拉迪瓦出版社创办"大众科学"系列丛书（*Ciência Aberta*）以促进科学的传播。人们也开始在各种媒体上以前所未有的规模谈论科学。国家科技文化传播机构——生活科学中心（Ciência Viva）则在全国组建或出资建立了多个分中心，大大扩展了科学普及的范围。

不得不说的是，继 16 世纪和 18 世纪之后，如今的葡萄牙显然又迎来了一段新的光辉时期。然而，由于这一时期的大多数科学家仍然活跃于科研一线，想要写下这一段葡萄牙科学史还为时尚早。由于缺乏足够的历史沉淀，现在的人们还无法正确地看见当前时期葡萄牙科学的全貌。

纪年表

13 世纪

1276 佩德罗·伊斯帕诺当选为教皇，称约翰二十一世

1279 迪尼斯一世登基

1290 教皇下令创办葡萄牙大学（即今天的科英布拉大学）

15 世纪

1481 若昂二世登基

1484 莱昂诺尔王后创办卡尔达斯达赖尼亚医院

1486 迪奥戈·康沿非洲海岸航行

1488 巴尔托洛梅乌·迪亚士抵达非洲南端

1489 亨利克斯·马特鲁斯绘制的世界地图上记录下了迪奥戈·康和巴尔托洛梅乌·迪亚士的航海路线

1492 皇家万圣医院落成

1494 托尔德西里亚斯条约签订

1495 曼努埃尔一世登基

1496　不愿接受洗礼的犹太人被驱逐出境；《万年历》（亚伯拉罕·扎库托）出版

1498　瓦斯科·达·伽马抵达印度；莱昂诺尔王后创办里斯本圣母院

16 世纪

1519　洛波·奥门和若尔热·雷内尔绘制《米勒地图集》

1521　曼努埃尔一世逝世，若昂三世继位；斐迪南·麦哲伦在环球航海途中死于菲律宾

1524　瓦斯科·达·伽马第三次抵达印度，同年在当地逝世

1534　圣依纳爵·罗耀拉创立耶稣会，随后耶稣会组织在葡萄牙建立起来

1536　宗教裁判所在葡萄牙成立；阿马托·卢西塔诺的首部作品《迪奥斯科里德斯索引》出版

1537　葡萄牙大学从里斯本迁至科英布拉；费尔南·门德斯·平托远赴东方；《天球论》（佩德罗·努内斯）出版

1538　《东方风土记》（若昂·德·卡斯特罗）出版

1541　阿马托·卢西塔诺的第一部《医疗纪年史》出版

1542　弗朗西斯·泽维尔在印度和中国传教；佩德罗·努内斯发明游标；耶稣学院在科英布拉落成

1545　特利腾大公会议首次召开，葡萄牙参会

1547　佩德罗·努内斯出任王国首席宇宙学家

1553　路易斯·德·卡蒙斯远赴东方

1563　特利腾大公会议结束；《印度方药谈话录》（加尔西亚·德·奥尔塔）出版

1568　塞巴斯蒂昂一世亲政；加尔西亚·德·奥尔塔在果阿逝世；阿马托·卢西塔诺在塞萨洛尼基逝世。

1572 达米奥·德·戈伊斯被宗教裁判所判刑；《卢济塔尼亚人之歌》（路易斯·德·卡蒙斯）出版

1578 费尔南·门德斯·平托完成著作《远游记》；塞巴斯蒂昂一世驾崩；佩德罗·努内斯逝世。

1579 达米昂·德·戈伊斯逝世

1580 路易斯·德·卡蒙斯逝世；伊比利亚联盟成立；加尔西亚·德·奥尔塔被宗教裁判所处以"焚尸示众"之刑

1582 历法改革

1598 荷兰入侵巴西

17 世纪

1606 《航海艺术》（费尔南·德·奥利维拉）出版

1608 安东尼奥·维埃拉神父出生

1614 耶稣会士在日本遭到迫害；《远游记》（费尔南·门德斯·平托）正式出版

1624 教义讲师安东尼奥·奥门被处以火刑；安东尼奥·安德拉德神父穿越西藏

1640 葡萄牙贵族于 12 月 1 日发动革命，葡萄牙恢复独立

1647 里斯本修建防御工事，成立军事建筑学院

1654 荷兰入侵者被逐出巴西

1662 查理二世和布拉干萨公爵夫人卡塔里娜联姻

1668 葡萄牙王政复辟战争结束，圣讲会在葡扎根

1693 巴西发现金矿

18 世纪

1703　葡英签订《梅休因条约》

1707　若昂五世亲政

1709　巴尔托洛梅乌·德·古斯芒研制的帕萨罗拉飞船升空

1717　玛费拉宫开始动工

1719　曼努埃尔·阿泽维多·福尔特斯出任王国总工程师

1720　葡萄牙皇家历史学院成立

1726　《药用水源》（弗朗西斯科·达·丰塞卡·恩里克斯）出版

1728　科英布拉大学若昂尼娜图书馆落成

1728—1729　《葡萄牙工程师》（曼努埃尔·阿泽维多·福尔特斯）
出版

1732　《意念》（安塞尔莫·卡埃塔诺·德·阿布雷乌）出版

1746　《真正的学习方法》（卢伊斯·安东尼奥·维尼）出版

1750　若昂五世逝世，若泽一世继位

1751　《哲学消遣》（特奥多罗·德·阿尔梅达）出版

1755　11 月 1 日里斯本大地震

1759　彭巴尔侯爵驱逐耶稣会士

1761　皇家贵族学院于里斯本成立

1768　皇家审查委员会成立

1772　彭巴尔侯爵在科英布拉大学推行改革

1777　若泽一世驾崩，玛丽亚一世继位，彭巴尔侯爵下台

1779　玛丽亚一世创办里斯本科学院

1780　特奥多罗·德·阿尔梅达为里斯本科学院致开幕词

1788　《化学纲要》（维森特·塞阿布拉·特莱斯）出版

1790　《数学原理》（若泽·阿纳斯塔西奥·达·库尼亚）出版

1791　费利克斯·德·阿韦拉尔·布罗特罗出任科英布拉大学植物学教授

1799　若昂六世被立为摄政王

19 世纪

1801　果阿外科医学校成立

1807　朱诺将军率法军占领里斯本，葡萄牙王室迁往里约热内卢

1808　威灵顿将军登陆菲盖拉达福什

1809　苏尔特将军率法军第二次侵葡

1810　马塞纳元帅率法军第三次侵葡，布萨库战役爆发

1812　里斯本科学院疫苗研究所成立

1820　波尔图自由革命爆发；蒸汽机传入葡萄牙

1821　葡萄牙王室迁回葡萄牙

1822　葡萄牙制定宪法，成为君主立宪制国家；同年巴西独立

1825　里斯本皇家外科学校和波尔图皇家外科学校相继成立

1828—1834　葡萄牙立宪派和专制派之间爆发内战

1832　立宪派军队在明德卢登陆

1834　宗教教团覆灭

1836　帕索斯·曼努埃尔创设中学

1836　里斯本外科医学校和波尔图外科医学校成立

1837　里斯本理工学校和波尔图理工学院成立

1844　科英布拉成立公共教育高级委员会

1851　再生政府上台，丰特斯·佩雷拉·德·梅洛成为政府核心人物

1852　科英布拉研究所成立

1853　里斯本修建路易斯王子气象观测站

1856　里斯本王城和议会之间开通电报，里斯本和卡雷加杜之间开通

铁路

1860　葡萄牙工业协会正式成立

1861　波尔图举办葡萄牙工业展览会

1863　科英布拉大学医学院开设组织学和生理学课程

1864　科英布拉大学成立气象和磁学研究所

1865—1866　科英布拉论战围绕"美的品鉴与品味"主题展开，茹利奥·恩里克斯发表题为《物种能够变异吗？》的论文

1867　里斯本天文台落成

1870　葡英海底电缆铺设完成

1875　里斯本地理学会成立

1878　阿德里亚诺·派瓦提出有关电报照相机的设想

1878　阿茹达天文台落成；里斯本电力照明成为现实

1879　布罗特罗学会成立

1880　里斯本国际考古学大会召开

1884　《社会卫生学在葡萄牙的应用》（里卡尔多·若尔热）出版

1885　贝尔纳尔迪诺·马查多在科英布拉大学开设人类学课程；罗贝尔托·伊文斯和埃尔梅内吉尔多·卡佩洛完成从安哥拉到孔特拉科斯塔（莫桑比克）的考察旅行

1888　《马亚一家》（埃萨·德·凯罗斯）出版

1890　英国对葡萄牙发出最后通牒

1891　葡萄牙第一台地震仪装设于科英布拉

1892　卡马拉·佩斯塔纳在里斯本创建细菌学研究所

1896　葡萄牙 X 射线实验在科英布拉首次进行

1898　法布里尔集团于巴雷鲁创建

1899　《波尔图鼠疫》（里卡尔多·若尔热）出版；卡马拉·佩斯塔纳逝世；里卡尔多·若尔热在里斯本建立卫生研究中心

1900　葡萄牙参加法国巴黎世博会

20 世纪

1901　葡萄牙首次进行无线电报实验

1905　卡洛斯一世被暗杀，他曾研究过海洋学；葡萄牙化学协会和《理论与应用化学》期刊创立

1906　第十五届国际医学大会在里斯本圣安娜广场举行

1907　马克·阿蒂亚斯成立葡萄牙自然科学协会

1909　贝纳文特地震爆发

1910　米格尔·邦巴尔达逝世；10月5日，共和国革命爆发

1911　里斯本大学、波尔图大学和里斯本高等理工学院成立

1912　莱奥纳尔多·科因布拉发表关于相对论的论文

1913　达尔文所著《物种起源》（1859）首次被译为葡萄牙语

1914　第一次世界大战爆发

1918　玛蒂尔德·本萨乌德发表关于真菌遗传学的论文

1919　普林西比岛日食证实了广义相对论

1925　爱因斯坦途经里斯本；里斯本成立罗沙·卡布拉尔研究所；科英布拉装设第一台太阳单色光照相仪

1927　埃加斯·莫尼兹首次实行脑血管造影术

1929　国家教育委员会成立

1933　1933年宪法颁布，为"新国家"政权提供法律依据

1935　阿贝尔·萨拉查和奥雷利奥·金塔尼利亚被开除教职

1936　埃加斯·莫尼兹的前额叶切除术首次得到应用；国家农学站建立

1937　《葡萄牙数学》期刊创办

1939　《数学报》期刊创办

1940　葡萄牙数学协会成立

1941　圭多·贝克抵达葡萄牙；"宇宙百科"丛书第一卷出版

1943　数学研究委员会成立；《葡萄牙物理学》创办

1945　安东尼奥·阿尼塞托·蒙泰罗流亡巴西

1946　阿贝尔·萨拉查逝世；《物理报》期刊创办；国家气象局和国家土木工程实验室成立

1947　马里奥·席尔瓦、鲁伊·卢伊斯·戈梅斯、弗朗西斯科·普利多·瓦伦特等教授被开除教职

1948　本托·德·热苏斯·卡拉萨逝世

1949　埃加斯·莫尼兹获得诺贝尔生理学或医学奖

1953　圣玛丽亚医院在里斯本落成

1956　卡洛斯特·古本江基金会成立

1959　圣若昂医院在波尔图落成

1961　葡萄牙核反应堆建成

1967　国家科学技术研究委员会成立

1974　"康乃馨革命"爆发

1986　葡萄牙加入欧盟

1995　葡萄牙科学技术部成立

科学家简介

本附录中介绍的科学家按照出生日期顺序排列。在每篇介绍的末尾列出了相应科学家的主要著作。由于葡萄牙科学界一直与国际学界互联互通，因此，部分曾在葡萄牙本土及其殖民地进修和（或）工作的外国科学家也将在本附录中进行介绍。

每篇介绍附有科学家肖像版画或照片，如无肖像流传于世，则附上一张与其生平相关的代表性图片。

佩德罗·伊斯帕诺（Pedro Hispano）
（约 1215—1277）

又名佩德罗·茹利昂（Pedro Julião）。尽管也曾有过几位教皇出生于现今的葡萄牙地区，但他是第一位也是迄今为止唯一一位葡萄牙籍的教皇。据说他著有多部逻辑学、医学和神学等领域的重要作品，但至今未能得到证实。

人们对他的生活经历知之甚少。但可以确定的是，佩德罗·伊斯帕诺出生在里斯本，并在里斯本大教堂进行了预科学习。后来他在巴黎大学（一说是在蒙彼利埃大学）学习神学和医学，于第一次文艺复兴时期在大学师从圣艾尔伯图斯·麦格努斯（S. Alberto Magno）。在巴黎时，他与圣托马斯·阿奎那（S. Tomás de Aquino）和圣博阿文图拉（S. Boaventura）同窗共读。1246 年，在意大利锡耶纳大学求学的 6 年间，他写下了《逻辑学概要》（Summulae Logicales），这是一部关于亚里士多德逻辑学的论著，曾在欧洲广为流传。他还著有医学眼科论著《明目论》（De Oculo）（据说后来文艺复兴时期的画家米开朗基罗也参考过这部著作）和记录了多种疾病治疗方案的《济贫医案》（Thesaurum Pauperum）。此外，他还撰写过一些神学著作。佩德罗·伊斯帕诺的大量作品手稿都得以流传于世，现藏于欧洲各大历史图书馆。然而，由于在当时有好几位名叫佩德罗·伊斯帕诺的人，因而这些作品的著作权归属仍然存疑。如果它们的作者的确都是这位出生于里斯本、后来贵为教皇的佩德罗·伊斯帕诺，那么他一定堪称中世纪伟大的哲学家和医生之一。

说到佩德罗·伊斯帕诺的教会生涯，他曾在锡埃纳教会任职，后回到葡萄牙教会，并于 1273 年出任布拉加总教区主教，次年参加了里昂会议（Concílio de Lyon）。后来，他去了梵蒂冈，担任教皇格里高利十世的侍从医师。在教会大动荡的时期，梵蒂冈举行了多次教皇选举秘密会议，同年他被推选为教皇。然而他在位时间极为短暂，1276 年 9 月成为教皇约翰二十一世（他的称号本应为约翰二十世，由于种种原因，被称为约翰二十一世，而约翰二十世成了空无其人的空号）后，1277 年 5 月便死于维特尔布宫的一次意外事故（他被坍塌的天花板正中头部，伤重不治身亡），安葬于维特尔布。在但丁的《神曲》第十二首中，约翰二十一世是唯一到达天堂的教皇。

佩德罗·伊斯帕诺的主要作品有：《逻辑学概要》《明目论》《济贫医案》。

若昂・德・卡斯特罗（D. João de Castro）
（1500—1548）

出生于里斯本的一个贵族家庭。除了军人和王室重臣的身份，他还是一名科学家，首次对地球磁场进行了研究，并为后世留下了一版相当精确的东方大陆沿海地貌图。

若昂・德・卡斯特罗曾参加过佩德罗・努内斯在皇宫面向王室子弟的授课。他第一次出海是从葡萄牙到丹吉尔（Tânger），并在那里待了 9 年。1538—1542 年，他完成了第一次印度之旅（其中还包括一次红海探险）。1545 年，他作为印度总督（即国王在东方的代表）再次远航印度后，便再也没有返回欧洲。他在印度迪乌曾经打赢过一场战役。众所周知，在这场战役中，为了重建迪乌要塞，他先是典当了战死的儿子的尸骨，后来又抵押了自己的胡须。据说，他最终在果阿的土地上、在圣弗朗西斯・泽维尔（S. Francisco Xavier）的怀中死去。

卡斯特罗绘制的沿海地貌图详细描述了风、海流和潮汐的规律，但更重要的是，他为人们能够更好地理解地球磁场做出了贡献：他在两次印度之行中进行了多次地磁测量，为后世留下了 16 世纪大西洋和印度洋最重要的地磁观测记录。他还试图通过磁偏角来确定经度，但没有成功，类似想法也曾在若昂・德・利斯博阿（João de Lisboa）1514 年所著的《论航海罗盘》（*Tratado da Agulha de Marear*）中有所论述。此外，卡斯特罗还描述了印度当地的磁场现象。

若昂・德・卡斯特罗的主要作品有三部航海日志：《从里斯本到果阿》（*Roteiro de Lisboa a Goa*）（1538）、《从果阿到迪乌》（*Roteiro De Goa a Diu*）

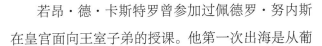

（1538—1539）、《从果阿或红海到苏伊士》（*Roteiro De Goa a Soez ou do Mar Roxo*）（1541），最后一部现藏于科英布拉大学总图书馆。

加尔西亚·德·奥尔塔（Gracia de Orta）
（约 1500—1568）

出生于葡萄牙维德堡（Castelo de Vide），16世纪伟大的医生和植物学家之一，著有《印度方药谈话录》（*Colóquios dos Simples* e *Drogas e Cousas Medicinais da Índia*），在这部举世闻名的著作中详述了印度的植物及其药用价值。

奥尔塔是西班牙裔犹太人，在天主教双王时期因受到迫害而逃亡葡萄牙。他在萨拉曼卡大学和马德里近郊的埃纳雷斯堡阿尔卡拉大学学习艺术、自然哲学和医学。他曾为若昂三世的御医，1533年成为里斯本大学的自然哲学教授。1534年，他作为马尔丁·阿丰索·德·索萨（Martim Afonso de Sousa）的船医航行到印度，在果阿医院行医。在果阿，他与卡蒙斯结为好友。1563年，其传世巨著《印度方药谈话录》在果阿出版，其中通过对话的形式详细描述了几十种东方药用植物及其治疗功效。此外，他还记录了首例发生于亚洲的霍乱病例的相关情况。比利时人卡罗卢斯·克卢修斯（Charles de l'Écluse）在造访里斯本时读到了这部作品，并于1567年完成了该书的拉丁文译本；葡萄牙人克里斯托旺·达·科斯塔（Cristóvão da Costa）则于1578年完成了西语译本。虽然奥尔塔生前未曾受到宗教裁判所的迫害，但在死后却遭到了信仰审判。1569年他的妹妹卡塔里娜受到株连，在果阿被判处死刑，他本人的遗骨也在1580年被挖掘出来，在信仰审判中当众焚烧。为纪念奥尔塔，今天的阿尔马达（Almada）建有一家以他名字命名的医院。

加尔西亚·德·奥尔塔唯一出版的作品是《印度方药谈话录》，这部传世之作也是葡萄牙语科学论著的先驱。

佩德罗·努内斯（Pedro Nunes）
（1502—1578）

出生于葡萄牙阿尔卡塞尔多萨尔，是一名训练有素的医生，也是葡萄牙有史以来伟大的数学家之一和葡萄牙天文航海学的奠基人。

努内斯曾在萨拉曼卡大学进修，1525年获得里斯本大学的医学博士学位。除了里斯本大学教授的身份，他还从1529年起担任王国首席宇宙学家。他教导过若昂三世的王弟及王孙，还有未来的国王塞巴斯蒂昂一世。1544年，努内斯从里斯本调任科英布拉，成为科英布拉大学的数学教授，直到1562年退休离职。虽然他生前未遭到宗教裁判所的迫害，但他的孙子马蒂阿斯和佩德罗在1623年因被指控信仰犹太教而遭宗教裁判所逮捕，分别被监禁了8年和9年。

努内斯从理论的角度研究了海上导航问题的解决办法，开创了基于数学的天文航海学。他最早的译作包括约翰尼斯·萨克罗博斯科的《天球论》（*Tratado da Esfera*）、珀尔巴乔斯的《行星新论》节选（*Novas Teóricas dos Planetas*）和托勒密的《地理学》（*Geografia*），此后还写下了论著《论航海图的合理性》（*Tratado em Defesa da Carta de Marear*）。他发明了游标（因而以他的名字谐音命名为"nónio"）、航海环和影子仪。游标曾记载于丹麦天文学家第谷·布拉赫（Tycho Brahe）和德国天文学家约翰内斯·开普勒（Johannes Kepler）的著作中，后来由法国人皮埃尔·维尼尔（Pierre Vernier）进一步完善，在法国被称为游标卡尺。他还从数学上定义了斜航线，即船舵固定情况下的航线，直到很久以后才有人计算出这条曲线的解析表达式。在《论曙暮光》（*De Crepusculis*）一书中，努内斯测算了曙暮光的持续时间。他对代数也很感兴趣，为此他用西班牙语撰写了《代数、算术及几何学之书》（*Libro de Algebra en Arithmetica y Geometria*）。努内斯也读过哥白尼的作品，但仅在书中对其技术层面的内容作了简要引用，表明哥白尼学说在数学上是正确的。直到努内斯退休 30 年后，科英布拉大学的数学教授一职才被安德烈·德·阿韦拉尔（André de Avelar）继任。努内斯在科英布拉去世后，这座城市的数学学科亦随之衰落。人们为了纪念努内斯，将一颗小行星和一处月球陨石坑以他名字命名。科英布拉还建有佩德罗·努内斯研究所，以运用大学的科学技术成果造福社会为宗旨。

努内斯所有出版作品可在本书第 31 页进行查阅。这些书籍在卡洛斯特·古本江基金会的支持下由里斯本科学院再版。

若昂·罗德里格斯·德·卡斯特洛·布兰科 / 阿马托·卢西塔诺（João Rodrigues de Castelo Branco / Amato Lusitano）（1511—1568）

出生于葡萄牙布兰科堡，犹太医生。他曾游历整个欧洲，大部分时间居住在意大利。他在《医疗纪年史》（*Centúrias de Curas Medicinais*）中，发表了关于古希腊药剂学的评论和细致入微的医学观察结果。

阿马托从萨拉曼卡大学毕业后，自 1529 年起在葡萄牙行医。然而，1534 年，由于害怕宗教裁判所的迫害，他选择定居安特卫普，并在当地出版了《迪奥斯科里德斯索引》（*Index Dioscorides*）（1536），内容是对希腊医生迪奥斯科里德斯有关药用植物的著作的评论。

正是在发表这部作品时，他采用了阿马托·卢西塔诺的名字，并因此而闻名。在他 1556 年出版的《论迪奥斯科里德斯〈药物论〉第五卷》（*In Dioscorides Anabarzaei de Medica Matéria Librum Quinque*）一书中，再次展现了他对植物及其医学价值的渊博知识。1541 年，阿马托成为费拉拉大学的解剖学教授，附近就是维萨里任教的帕多瓦大学。他与维萨里的兄弟（同样是一名医生）有过书信往来，甚至可能见过面（有学者认定，维萨里代表作封面上的人像之一正是阿马托）。在意大利解剖学家詹巴蒂斯塔·卡纳诺（Giambattista Canano）的协助下，他发现了奇静脉和静脉瓣膜。他的代表作《医疗纪年史》共分七卷，于 1551 年至 1561 年陆续出版，并在他去世之后，于 1580 年汇编为一册出版（直到 20 世纪中叶才从拉丁语翻译成葡萄牙语）。在罗马，阿马托成了教皇茹利奥三世（Papa Júlio Ⅲ）的侍从医师。在穿越亚得里亚海来到土耳其苏丹身旁服侍之前，他游历了意大利的多个城市。1568 年，阿马托因瘟疫在如今希腊的塞萨洛尼基（Salónica）病逝。在他的家乡布兰科堡，还有一家以他的名字命名的医院。

如前所述，阿马托生前发表的作品有：《迪奥斯科里德斯索引》《论迪奥斯科里德斯〈药物论〉第五卷》《医疗纪年史》（目前，此书最新译本由葡萄牙医师协会出版）。

克里斯托弗·克拉维乌斯神父（Padre Christophoro Clavius）
（1538—1612）

出生于德国班贝格（Bamberg），耶稣会士，曾在科英布拉学习。他也是一名天文学家，被称为"16 世纪的欧几里得"。他的主要成就包括：创立数学院，编制格里高利历，推广佩德罗·努内斯的著作。

克拉维乌斯在年少时便来到科英布拉艺术学院学习，但仅仅 5 年后，就于 18 岁那年前往罗马，并在那里完成了所有学业。后来，他成长为当时最

伟大的数学家，并在罗马学院创立了数学院。罗马学院是当时庞大的耶稣会教育网络的中心机构，那里培养了一批又一批世界级的精英数学家。年轻的伽利略曾特地去罗马拜访克拉维乌斯，二人由此结为好友。但他并未因这份友谊而加入伽利略对哥白尼日心说的辩护：他只是评论说，如果这些新理论是正确的，那么将来的天文学家可将其用来完善托勒密地心说。不过，他和其他一些耶稣会士都认可了伽利略所作天文观测的正确性。虽然他在科英布拉时没有当过佩德罗·努内斯的学生，但他在科英布拉学习时就久闻努内斯的才名，并在《数学文集》（ *Opera Mathematica* ）中引用并高度赞扬了努内斯及其作品。克拉维乌斯曾主持教皇委员会，在里利乌斯（Lilius）研究的基础上组织编撰了新版历法，由此一举成名。新历法取代了儒略历（Calendário Juliano），被称为格里高利历（Calendário Gregoriano），于1582年10月4日由教皇格里高利十三世 [①]（Papa Gregório XIII）颁布，在所有基督教国家推行。葡萄牙就是早期采用新历的国家之一。渐渐地，新历最终在全世界普遍通行。1612年，克拉维乌斯在罗马与世长辞。为纪念克拉维乌斯的科学贡献，月球上有一个陨石坑就是以他的名字命名的。

克拉维乌斯神父的著作有：《格里高利历说明》（ *Explicação do Calendário Gregoriano* ）（1603）、《论欧几里得》（ *Comentários sobre Euclides* ）（1574）、《日晷论》（ *Tratado de Gnomónica* ）（1581）等。他的作品被收录于多卷本《数学文集》。

————————

① 作者误写为十二世。——译者注

弗朗西斯科·桑谢斯（Francisco Sanches）
（1550—1622）

出生于加利西亚（Galiza）的图伊（Tui），于布拉加受洗。他是托洛舍医院杰出的医生和数学家，著有哲学著作《论不可知》（*Quod nihil scitur*）。

然而，出生于犹太家庭的桑谢斯在不到一岁时就接受了基督教洗礼。12岁时，桑谢斯离开葡萄牙前往法国波尔多，在那里他就读于圭亚那学院（colégio de Guiana），并受到了意大利文艺复兴和宗教改革运动的熏陶。1569年，桑谢斯离开波尔多，前往意大利学医，主攻解剖学方向。后来，他回到法国，在托洛舍医院继续医学实践学习。1573年，桑谢斯进入蒙彼利埃医学院深造，被尊为医学院杰出的医生之一，演艺厅里至今还悬挂着他的肖像。1575年，他定居托洛舍，在托洛舍医院担任主任医师30余年，兢兢业业传授医学，直至逝世。同时，他也是一位著名的哲学家。他反对亚里士多德哲学和经院哲学，谴责低效的传统认知方法论，并尝试确立一种新的实验认知方法。1622年，桑谢斯在托洛舍去世。

桑谢斯代表作的首版（1581，里昂）标题为《论不可知》，但再版时（1618，法兰克福）有了一个更加广为人知的标题:《论至高无上的科学原则——不可知》（*De multum nobili et prima universali scientia quod nihil scitur*）。这部作品和其他几部哲学作品汇集在他的《医学文集》（*Opera Medica*）中，由葡萄牙国家出版社出版。

利玛窦神父（Padre Matteo Ricci）
（1552—1610）

出生于意大利马瑟拉塔（Macerata），耶稣会传教士，地理学家、制图师和数学家，在葡萄牙进修后，致力于建立西方和中国之间的文化纽带。

利玛窦在罗马大学（Universidade de La Sapienza em Roma）进修后，于1571年加入耶稣会，并与克拉维乌斯一起在罗马学院学习。1577年，他来到葡萄牙，在科英布拉大学学习葡萄牙语、神学和数学。第二年，他启程前往果阿地区，于1582年由中国澳门进入中国内地，并在澳门学习了中文。作为天主教在华传教的第一人，利玛窦通过学习中文，入乡随俗，卓有成效地促进了东西方的文化交汇。他学富五车，对西方文化的诸多方面都有着深刻的了解，同时也对中国文化表现出极大的好奇和尊重。除传教工作外，他还与同胞米格尔·鲁吉里（Miguel Ruggieri）共同编写了世界上第一本葡汉词典，并将克拉维乌斯的著作翻译成中文，为科学全球化做出了重要贡献。北京中华世纪坛艺术馆的中国历史展区中，只有两位外国人：马可·波罗和利玛窦。1583年，即利玛窦从中国澳门抵达中国内地的次年，他在广东肇庆开始着手绘制著名的中文世界地图——《坤舆万国全图》（Mapa-Múndi）。后来他去往韶关继续绘制，并于1589年将格里高利历传入中国。1599年，他启程去往京城，终于在1601年得到明朝万历皇帝召见，并进献《奥特柳斯万国图》（Atlas de Ortelius）、《坤舆万国全图》、自鸣钟和三棱镜等物。他在紫禁城掌管钦天监，翻译了欧几里得的《几何原本》（Os Elementos）及其他数学和天文学著作，将逻辑思维引入中国。1610年，利玛窦去世，得朝廷破格赐地，下葬于京城。

利玛窦著有多部著作:《葡汉词典》(*Dicionário Português-Chinês*)(1583—1588)(与鲁格利合著)、《坤舆万国全图》(1584 年首发，经修订后于 1602 年在北京印制)、《乾坤体义》[(*Comentário sobre os Quatro Elementos do Mundo*)，6 卷(1598，北京)];《天球的演变》[(*Desenvolvimento da Esfera Celeste*)2 卷(1607，北京)]。

克里斯托弗·博里神父(Padre Cristophoro Borri)(1583—1632)

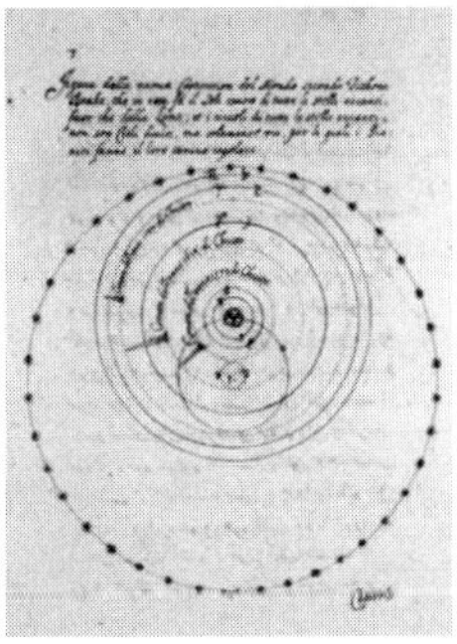

出生于意大利米兰，耶稣会士，为伽利略学说在葡萄牙的传播做出了杰出贡献，并将望远镜天文观测引入葡萄牙。他也曾远航东方，到达过今天的越南地区。

博里于 1601 年加入耶稣会。与意大利人乔瓦尼·伦博(Giovanni Lembo)和奥地利人克里斯托弗勒斯·格林伯格(Christophorus Grienberger)一样，他也对伽利略学说的传播居功甚伟。1610 年，博里将伽利略于前一年公开发布的有关木星卫星的发现，转载发表于覆盖葡萄牙帝国全境(包括本土和殖民地)的《星报》(*Mensageiro das Estrelas*)上。克拉维乌斯死后，博里受到教皇责难，甚至被开除了教职。于是，他流亡至里斯本，1615 年又从里斯本前往东方传教 5 年。1616 年，他从中国澳门被派往交趾支那(今越南南部)，在那里度过了 4 年，成为世界上早期在该地区传教的人之一。1641 年，博里在印度之行中进行了磁场观测，并绘制成地磁图，今藏于里斯本科学院。在埃武拉保存的一份手稿中，他还提出了确定经度的方法。回到欧洲后，他在科英布拉教授数学，并加入西多会(Ordem de Cister)。在科英布拉，他用望远镜等仪器进行天文观测，详细记录了 1627

年发生在科英布拉的一次月食，并绘有一张版画。不过，这并不是葡萄牙境内最早的望远镜天文观测活动。早在 1612 年前后，乔瓦尼·伦博神父就在圣安唐学院（Colégio de Santo Antão）的"地球课堂"上使用了望远镜进行天文观测。但博里的确是第一个在葡萄牙留下有关望远镜的文字记录的人。后来，西班牙国王费利佩二世（在葡萄牙称费利佩一世）将他从科英布拉调遣到马德里传教。1632 年，博里在罗马逝世。

博里神父的《耶稣会赴交趾支那传教新使命的有关报告》（*Relatione della nuova missione delli P.P. della Compagnia di Gesù al Regno della Cocincina*）于 1631 年在罗马出版。其代表作《天文集》（*Collecta Astronomica*）亦于同年问世，汇集了博里在科英布拉和里斯本的授课内容。博里显然不满足于传授陈旧的亚里士多德学说，而是积极地推陈出新。这种进取精神也激励着后世，并由其他耶稣会士继续发扬光大。

雅各布·德·卡斯特罗·萨尔门托（Jacob de Castro Sarmento）（1692—1762）

原名恩里克·德·卡斯特罗（Henrique de Castro），出生于葡萄牙布拉干萨，后移民英国。这位医生不仅是首位用葡萄牙语评述牛顿学说的学者，而且写下了化学及其医学应用方面的著作。

萨尔门托出生于布拉干萨的一个新基督徒家庭，其父于 1710 年在埃武拉宗教裁判所的信仰审判中被定罪。他从科英布拉医学专业和埃武拉耶稣会学院艺术专业毕业后，曾在葡萄牙南部短期行医，后于 1721 年逃亡英国伦敦。在伦敦，萨尔门托改为自己的犹太姓名，并在当地犹太教堂再婚。他开始在犹太社区行医，后于皇家医师学院（Real Colégio dos Físicos）进修，成了第一位获得英国阿伯丁大学（Universidade de Aberdeen）医学博士学位的犹太人。1737年，《潮汐的真正原理：古今无双的艾萨克·牛顿爵士的思想概述》（*Theorica Verdadeira das Marés, Conforme à Philosophia do Incomparável Cavalhero Isaac Newton*）出版，书中萨尔门托用葡萄牙语评述了牛顿学说。受伦敦切尔西花园启发，萨尔门托还在1731年向科英布拉大学提议建设了一座植物园。他是在葡萄牙传播布尔哈夫物理医学思想的第一人，也是在化学从古代炼金术向现代科学进化过程中举足轻重的人物。他将"英国之水"和一些自己的秘方传入葡萄牙，并和朋友萨切蒂·巴尔博萨（Sachetti Barbosa）医生一同入职波尔图医学院（Academia Médica Portopolitana）。该医学院于1749年在波尔图创办，是葡萄牙古老的医学院之一。1762年，萨尔门托在皈依英格兰教后，死于英国首都伦敦（此时，他与第二任妻子所生的孩子们均已受洗）。

萨尔门托曾于1731年在《皇家学会会刊》发表文章。除了前文所述的《潮汐的真正原理》，他还著有多部化学（确切来讲是炼金术）、药学和医学作品。他的代表作是以葡语写就的《本草：物理、历史与力学》（*Matéria Médica. Físico-Histórico-Mecânica*），共分两部：上部主要记载矿物药，于1735年在伦敦出版；23年后，下部以及上部第二版才得以问世，下部主要记载植物药和动物药。他在另一部作品中还研究了卡尔达斯达赖尼亚水域。

若昂·巴普蒂斯塔·卡尔博内神父
（Padre João Baptista Carbone）（1694—1750）

出生于那不勒斯，意大利耶稣会士，在葡萄牙生活过很长时间。若昂五世时期，他负责主持了皇家天文台的修建工作。

1709年，卡尔博内与另一位耶稣会天文学家多梅尼科·卡帕西

（Domenico Capassi）抵达里斯本，计划由此出发去往南美洲，测定托尔德西里亚斯子午线。但他立刻就得到了若昂五世的青睐。若昂五世最终没有批准他前往巴西，而是将他留在王官任职。卡尔博内出任皇家数学家，在圣安唐学院建立了皇家天文台和圣安唐天文台，兼任圣安唐学院院长。1724—1725年，他分别向巴黎和伦敦求购了一批科学设备。1724年11月1日，他在葡萄牙天文台第一次观测到月食。据《皇家学会会刊》记载："此次天文观测非常精准。由于这种天象此前从未出现，学会也没有相关记录，但学会非常认可这次观测结果，决定将其发表在《皇家学会会刊》上。"为了确定里斯本的经度，他还实施了对木星卫星、日食、1727年月食（这是在圣安唐首次进行的月食观测）的观测活动。他与法国著名天文学家德利斯莱（Delisle）也一直保持着书信往来。卡尔博内来葡时的同行伙伴卡帕西最终还是去了巴西，但不是和卡尔博内一起，而是由葡萄牙人迪奥戈·索阿雷斯（Diogo Soares）陪同，后来这二人留在了巴伊亚学院任教。

1724—1730年，卡尔博内曾在《皇家学会会刊》上发表拉丁语文章数篇。

安东尼奥·努内斯·里贝罗·桑谢斯
（António Nunes Ribeiro Sanches）（1699—1783）

出生于葡萄牙佩纳马科尔（Penamacor），犹太医生、教育学家、历史学家和哲学家。他师从布尔哈夫，在荷兰颇享盛名；在俄罗斯，他常常往来于沙俄皇室之中。他还是启蒙运动中葡萄牙最重要的代表人物。

桑谢斯生于新基督徒家庭，是弗朗西斯科·桑谢斯的后裔，曾就读于科英布拉法学院，后在萨拉曼卡大学获得医学学位。在医学上，他以研究

性传播疾病而闻名，并在达朗贝尔（d'Alembert）和狄德罗（Diderot）的《百科全书》（*Enciclopédia*）中写过关于梅毒的文章。学成后，他开始在葡萄牙行医，但因畏惧宗教裁判所的迫害而逃离了祖国。他长年辗转于欧洲各国，如法国、意大利和英国等，随后定居在荷兰莱顿，师从荷兰著名医生布尔哈夫。经布尔哈夫推荐，他于 1731 年前往俄罗斯做了一名军医。在那里，他成了圣彼得堡科学院和巴黎科学院的成员，以及女皇安娜一世·伊万诺夫娜的侍从医师。在俄罗斯皇宫任职 15 年后，他又去了法国巴黎。后来在德国柏林，他受到普鲁士国王腓特烈二世（Frederico II da Prússia）的接见。在人生的最后几年，他从俄罗斯女皇叶卡捷琳娜二世那里得到了一笔丰厚的养老金。此外，他在教育领域的前卫思想为彭巴尔侯爵所采纳。1783 年，桑谢斯在巴黎寿终正寝。叶卡捷琳娜二世曾赠予他一枚盾形纹章，刻有"汝为经世之才"字样。

以下为桑谢斯的部分作品，其中一些由科英布拉大学再版：《论性病》（*A Dissertation on the Venereal Disease*）（1751）；《论如何守护人民健康》（*Tratado da Conservação da Saúde dos Povos*）（1756）；《有关青年教育的书信集》（*Cartas sobre a Educação da Mocidade*）（1760）；《论学习和研究医学的方法》（*Método para Aprender e Estudar a Medicina*）（1763）；《论俄式蒸汽浴》（*Mémoire sur les Bains de Vapeur en Russie*）（1779）。

本托·德·莫拉·波尔图加尔（Bento de Moura Portugal）
（1702—1766）

出生于葡萄牙贝拉阿尔塔（Beira Alta）的莫伊门塔达塞尔拉（Moimenta da Serra），工程师，从事公共工程的研究和规划，曾发明过一款蒸汽机。

波尔图加尔在耶稣会中学毕业后，进入科英布拉大学法律专业进修，后被若昂五世派往欧洲执行长达 8 年的公共工程考察任务，重点考察了匈牙利和英国的公共工程。1741 年，他加入伦敦皇家学会，并于 1751 年（经一位英国工程师引荐）在《皇家学会会刊》上发表了一篇论文。在这篇论文中，他阐释了自己设计的一款新型蒸汽机模型（当时叫作"火机"），之前他也曾向若昂五世展示过这台机器。他还撰写过几部关于水利和农业的葡语著作。后来，他因卷入塔沃拉斯家族事件（Távoras）而锒铛入狱。整整 16 年的牢狱之灾令他精神错乱，乃至自杀未遂，最终于 1766 年冤死在里斯本的容凯拉监狱（prisão da Junqueira）。德国人奥斯特里德（Osterrieder）曾高度赞扬："继英国伟大的牛顿之后，便只有葡萄牙的本托·德·莫拉能与之比肩了。"特奥多罗·德·阿尔梅达神父非常欣赏波尔图加尔的潮汐理论，并为这个蒙冤之人四处奔走，平反昭雪。

波尔图加尔在恶劣的监狱环境中写有一部关于公共工程的著作手稿，题为《造福王国的发明和几项计划》（*Inventos e Vários Planos de Melhoramento para Este Reino*）。这部作品在他去世之后，由科英布拉大学出版社出版。

特奥多罗·德·阿尔梅达神父（Padre Teodoro de Almeida）（1722—1804）

出生于里斯本，实验物理学家、天文学家和神学家，著有科普作品《哲学消遣：有关自然哲学的对话》（*Recreação Filosófica ou Diálogo sobre a Filosofia Natural*）。

阿尔梅达在圣讲会中曾与若昂·巴普蒂斯塔神父（padre João Baptista）（注意不要与意大利的若昂·巴普蒂斯塔·卡尔博内神父混淆）一同学习。1752 年，他在内塞西达迪什宫发表了关于实验物理学的演讲，引来了大批听众，就连国王都亲临观听。1757 年，他在《皇家学会会刊》上发表了一篇文章。1761 年，阿尔梅达根据英国天文学家埃德蒙·哈雷（Edmond Halley）此前做出的猜想，在波尔图观察了"金星凌日"这一天文现象。彭巴尔侯爵发起反教会运动后，他逃离了葡萄牙，于 1768—1778 年流亡西班牙和法国。彭巴尔侯爵去世后不久，他就回到了祖国，试图重振遭受了灭顶之灾的圣讲会。他是伦敦皇家学会和里斯本科学院的成员，曾在里斯本科学院的开幕式上发表致辞（1779）。这是一篇引发了极大争议的演讲，他在科学发展程度方面将葡萄牙与摩洛哥王国相提并论，以抨击葡萄牙科学之落后，这激起了彭巴尔一党的强烈抗议。他曾是葡萄牙天主教启蒙运动的倡导者，但晚年时期的他也发表过一些保守主义的宗教教条言论。1804 年，阿尔梅达于里斯本逝世。

阿尔梅达的主要作品有《哲学消遣》（1751—1800），是一套十卷本百科全书，也是葡萄牙最早的科普类巨著，在葡萄牙和西班牙均广为流传；《狄奥多西斯给欧金尼奥的物理和数学信件集》（*Cartas Fisico-Mathematicas de Theodozio a Eugenio...*）（1784—1798），作为对前者的补充；关于灵性修炼的《幸福与世界和财富无关》（*Feliz Independente do Mundo e da Fortuna*）（三卷本，第二版修订于 1786 年）。

若昂·舍瓦利埃神父（Padre João Chevalier）
（1722—1801）

出生于里斯本，圣讲会神父和天文学家，后移民比利时，担任布鲁塞尔科学院（Academia das Ciências de Bruxelas）院长。

舍瓦利埃虽是葡萄牙人，却有一个法国名字（因为他的父亲是法国人，母亲是葡萄牙人）。他的母舅正是《真正的学习方法》（*Verdadeiro Método de Estudar*）的作者卢伊斯·安东尼奥·维尼（Luís António Verney）。他曾在里斯本内塞西达什宫的天文台工作。彼时，他与法国天文学家德利斯莱来往密切，成了德利斯莱与里斯本耶稣会通信的中间人。舍瓦利埃曾给德利斯莱寄去了葡萄牙的纬度数据和1753年日食的观测结果，还告知过他，哈雷彗星预计将于1759年再度回归（1682年回归过一次）。他在1753年和1754年先后加入了巴黎科学院和伦敦皇家学会，并发表过几篇有关1758年之前的天文大事件的论文，其中一篇（有关月食的）论文是与他的同事特奥多罗·德·阿尔梅达合著的。1760年，在内塞西达什宫因彭巴尔的清剿运动而关停后，舍瓦利埃先是逃至弗雷舒德埃什帕达阿辛塔（Freixo de Espada à Cinta），然后逃往布鲁塞尔。在比利时，他担任了比利时学院图书馆馆长兼比利时皇家学院院长。拿破仑入侵比利时后，他去往奥地利维也纳避难，最终在那里去世。

1754—1758年，舍瓦利埃在《皇家学会哲学汇刊》（*Philosophical Transactions*）上发表文章数篇。

若昂·雅辛托·德·马卡良斯（João Jacinto de Magalhães）
（1722—1790）

出生于葡萄牙阿威罗，是伦敦皇家学会最著名的葡萄牙籍会员。他曾与众多著名科学家共事，在各国化学界之间穿针引线，还负责提供物理和天文仪器。

马卡良斯在科英布拉的圣克鲁斯修道院学习人文和古典语言，于1743年在那里宣誓成为修道士。1753年，他曾为一名来科英布拉观察日食的法国军官充当导游。由于不满彭巴尔执政时期对自由的种种限制，他请求教皇允准，前往欧洲进行"哲学之旅"。1756年，他来到巴黎，进一步丰富了他的天文学知识，并结识了里贝罗·桑谢斯。1762年，他曾短暂返回葡萄牙。1764年，他前往伦敦定居，并脱离了教会，自此奔走于英国、荷兰和法国之间。他不只是一位出色的科学家，更是各国科学家之间的重要中间人，也是科学仪器的设计者和供应商。他与当时最伟大的科学家们（例如天文学家梅西耶、数学家欧拉、物理学家瓦特和伏特、化学家拉瓦锡和普利斯特里等）都保持着书信往来。1786年，他自掏腰包，帮助他的朋友本杰明·富兰克林（Benjamin Franklin）在费城创立了"马卡良斯奖"，以奖励在航海和自然哲学领域最杰出的发现或最实用的发明。该奖项至今仍然存在，已累计颁发三十余次。他用法语译介了化学学科诞生之初多位英国物理学家和化学家的著作，"Calor específico"（比热容）"这个词就是由他创造的。身为多所科学院成员的马卡良斯还创立了一个小型哲学协会，以促进物理和化学领域的交流。虽然后来他再也没有返回自己的祖国，但他与葡萄牙当局一直保持着联系，还亲自制作并寄回葡萄牙许多科学仪器，其中一些可以在今天的科英布拉大学科学博物馆看到。1790 年，马卡良斯在伦敦去世。

马卡良斯的主要作品是以法语撰写的多篇有关科学仪器的文章，发表在《物理学刊》上。他还在《皇家学会会刊》发表过一篇关于新型望远镜的文章。如今，他与科学家们之间的信件正在整理之中，有待出版。

乔瓦尼·德·达拉·贝拉（Giovanni de Dalla Bella）
（1730—约 1823）

出生于意大利帕多瓦，在彭巴尔侯爵执政时期来到里斯本和科英布拉，是彭巴尔改革后科英布拉大学的首任物理学教授。

1748 年，达拉·贝拉获得帕多瓦大学博士学位。1766 年，应彭巴尔侯爵之邀，他来到葡萄牙教授物理，先是在里斯本，后来在科英布拉。达拉·贝拉抵葡后的第一项任务就是组建里斯本皇家贵族学院的物理实验室。在里斯本工作两年后，他回到帕多瓦，1772 年再度来到葡萄牙，成为彭巴尔改革后科英布拉大学的首任实验物理学教授（1773 年他从科英布拉大学博士毕业后才开始正式任教）。他在里斯本时曾向若昂·雅辛托·德·马卡良斯和葡萄牙设备制造商若阿金·若泽·雷斯（Joaquim José Reis）求购了一批科学仪器，后来将它们转移到了科英布拉。达拉·贝拉在科英布拉进行了多次物理实验，最终得出了磁作用力规律，并将实验结果传回了里斯本科学院（他也是科学院的创始成员之一），但科学院在多年之后才发布了这些实验结果。因此，关于达拉·贝拉是否先于库仑（Coulomb）发现磁作用力规律，至今尚无定论。他与同事范德利携手创建了科英布拉植物园，并对农业相关问题（例如橄榄油的制造）

产生了兴趣，还发表过有关农业的文章。1790 年从科英布拉大学退休后，达拉·贝拉回到家乡帕多瓦，叶落归根。

达拉·贝拉的代表作是实验物理学教科书《物理学纲要》三卷（*Physices Elementa*）（1789—1790）。

若泽·蒙泰罗·达·罗沙神父
（Padre José Monteiro Da Rocha）
（1734—1819）

出生于葡萄牙卡纳韦泽斯（Canavezes），就读于巴西耶稣会学校，是彭巴尔改革后科英布拉大学数学院的首任数学教授。

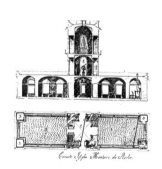

罗沙很小就去了巴西，在一所耶稣会学院学习。1752 年，他加入教会，成为耶稣会士。但在彭巴尔执政时期耶稣会遭到打击时，他脱离教会，成了一名世俗神父。1766—1770 年，他在科英布拉大学教义专业进修。在科英布拉大学改革执行校长的举荐下，彭巴尔侯爵任命罗沙组建新的哲学院。他参与编写了《彭巴尔章程》，在数学院的开幕式上发表致辞演讲，并负责教授力学、流体力学和天文学课程。1795 年，他负责建立并掌管科英布拉天文台。1799 年，天文台在若昂尼娜图书馆对面落成，并配有他亲自置办的天文仪器（其中一些正是由若昂·雅辛托·德·马卡良斯设计的）。1804 年[①]，他在里斯本定居下来，并成为摄政王若昂六世之子的家庭教师。1807 年葡萄牙王室迁往巴西时，他因年迈，未能随行前往圣十字架岛（即巴西）。1819 年，罗沙在

---

① 作者误写为 1894 年。——译者注

里斯本寿终正寝。

罗沙年轻时曾在巴西研究彗星轨道，不过他的研究略晚于德国天文学家奥尔勃斯（Olbers）。他在里斯本科学院举办的一次竞赛中击败了同事若泽·阿纳斯塔西奥·达·库尼亚并获得金奖。在同一奖项的后续比赛中，他再次获胜，却被库尼亚指控抄袭，二人因此交恶。

罗沙在《里斯本科学院论文集》（*Memórias da Academia das Ciências de Lisboa*）上发表过多篇论文，其中最重要的一篇是他在巴西的一项研究成果——《论彗星轨道的确定》（*Memória para a Determinação das Órbitas dos Cometas*）（1782）。此外，他还在巴黎出版了《论实用天文学》（*Memoires surl'astronomie pratique*）（1808）。

多梅尼科·范德利（Domenico Vandelli）
（1735—1816）

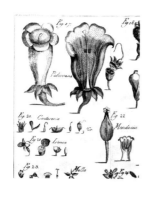

出生于意大利帕多瓦，博物学家和化学家，在彭巴尔侯爵执政时期来到葡萄牙。他曾在里斯本和科英布拉分别创建了一座植物园。除了科英布拉化学实验室的首任化学教授的身份，他对经济学也颇有兴趣。

范德利在帕多瓦大学获得了医学博士学位。他很早就与瑞典博物学家卡尔·林奈有所往来。范德利拒绝了圣彼得堡大学（Universidade de S. Petersburgo）的聘请，在1764年受彭巴尔侯爵之邀，来到葡萄牙皇家贵族学院教授化学，但这一项目未能顺利开展，所以没多久他便回到了意大利。1768年，由他设计的葡萄牙第一个植物园——阿茹达宫植物园建成；1774年，他又在科英布拉建立了葡萄牙第一个大学植物园。1772年，他出任科英布拉新哲学院的博

物学和化学讲师。在里斯本，他与学生亚历山大·罗德里格斯·费雷拉合
作组织了前往巴西的哲学之旅。范德利是最早对世界上最大的海龟（棱皮
海龟）进行科学描述的学者。1779 年，他成为里斯本科学院的创始人之一。
从科英布拉大学退休后，范德利于 1792 年出任阿茹达植物博物馆（Museu
Botânico da Ajuda）馆长，并担任商会、农业、工业和航运议事会代表，
负责参与商讨经济、政治和外交事务。范德利曾公开支持法国入侵葡萄牙，
甚至协助法军将多件（巴西）藏品运往巴黎。因此，他被判流放亚速尔群
岛，最终在伦敦皇家学会的干预下，他才得以脱身。除了是伦敦皇家学会
会员，范德利还是其他多个国家的科学院成员。后来，他经英国重返葡萄
牙，并在此去世。

范德利的主要作品有：《博物学技术术语词典》（Dicionário dos Ter-
mos Técnicos de História Natural）（1788），词典的术语摘自林奈的系列著
作；《葡萄牙与巴西植物志》（Da Flora Lusitanicae et Brasileinsis Specimen）
（1788）；《葡萄牙格里斯利花园》（Viridarium Grisley Lusitanicum Linnearis）
（1789）。

若泽·阿纳斯塔西奥·达·库尼亚（José Anastácio da Cunha）（1744—1787）

出生于里斯本，数学家、军人和诗人，在玛丽亚一世时期被宗教法庭
判刑，著有一部数学教科书，引领了算术领域的革新。

库尼亚曾在圣讲会学习，并自学了数学和物理学，19 岁时自愿参军。
1773 年，他被任命为科英布拉大学数学教授。1778 年，因被指控在瓦伦
萨与新教徒军官的谈话中，接触并追随伏尔泰和其他异端思想，库尼亚被
宗教法庭判处三年监禁。阿基利诺·里贝罗（Aquilino Ribeiro）在《忏悔
者》（O Lente Penitenciado）一书中对此案进行了叙述。后来，库尼亚去了

里斯本的皮亚之家下设的圣卢卡斯学院教书。然而，三年的牢狱之灾早已使他的身体千疮百孔。1787 年，库尼亚于里斯本去世。

库尼亚唯一的作品是在里斯本出版的《圣卢卡斯学院教科书：数学原理》（*Princípios Matemáticos para Instrução dos Alunos do Colégio de São Lucas*）（简称为《数学原理》），这是一本百科全书性质的著作，但直到 19 世纪末才得到德国人高斯（Gauss）等数学家的关注。在库尼亚去世后，该书于 1790 年全文出版（在此之前曾有部分内容出版），书中严谨而开创性地阐述了高等数学中的微积分，并给出了数列收敛的准确定义，可惜未能早些得到广泛关注，也就没能在国际数学的发展进程中起到重要影响。2005 年，人们在布拉加发现了库尼亚未出版的手稿。除了在数学领域的卓越成就，库尼亚还写过一部诗歌集，尽管文笔朴实，但其两列的排版方式极具现代特色。

费利克斯·德·阿韦拉尔·布罗特罗（Félix de Avelar Brotero）（1744—1828）

出生于葡萄牙洛里什（Loures），毕业于法国医学专业，后成为科英布拉大学植物学教授。他建立了科英布拉植物园，为葡萄牙植物群的研究做出了巨大贡献。

布罗特罗两岁时就失去了父亲，后来他母亲也逐渐精神错乱。他从马夫拉宗教学院毕业后（在那里布罗特罗展现出过人的声乐天赋，这使他后来成了里斯本大教堂的一名唱诗班牧师），进入科英布拉大学进修。因为担心受到宗教裁判所的迫害，他和作家菲林托·埃利西奥（Filinto Elísio）一起移民到了法国。在巴黎，他以布罗特罗这个名字度过了 12 年的时间。他在那里学习了博物学，并在法国博物学的黄金时代结识了布冯（Buffon）、朱西厄（Jussieu）和拉马克（Lamarck）等博物学家。布罗特罗在兰斯大学获得了医学博士学位，但由于他更热衷于植物学，所以并没有进行临床医学实践。在巴黎，他出版了第一本葡萄牙语版的《植

物学纲要》（*Compêndio de Botânica*）（1788）。1789 年法国大革命爆发，他在埃利西奥的陪伴下，于 1790 年再次返回葡萄牙。1791 年，布罗特罗被任命为科英布拉大学植物学和农学教授。从 1809 年起，布罗特罗开始管理和扩建植物园，撰写了多本关于葡萄牙植物群的著作。1820 年，他成为制宪议会议员，但只当了几个月。他还是多个国际科学协会的成员，包括伦敦园艺协会、伦敦博物学协会、里斯本皇家科学院、巴黎博物学与哲学学会、隆德自然地理学会、罗斯托克博物学协会和凯撒利亚·德·波恩协会。1811 年，布罗特罗出任阿茹达皇家博物馆（Real Museu da Ajuda）馆长和植物园园长，同年退休。布罗特罗在全国各地广泛收集本土植物样本，并积极与当时的众多博物学家保持通信联系（其中一些学者甚至将他们新发现的植物冠以"布罗特罗"之名）。他主张农业应以科学规律为指导原则。1828 年，布罗特罗于里斯本寿终正寝。为纪念他的贡献，科英布拉设立了布罗特罗学会。

布罗特罗的主要著作有《葡国植物志》（*Flora Lusitânica*）（1804），书中记载了近两千种当时还不为人知的物种，并创立了葡萄牙语植物命名法；《葡国植物志精编》（*Phytographia Lusitaniae Selectior*），该书 1816 年起稿，直到 1827 年才完成。其他葡萄牙语著作还有《植物学纲要》（1788）和《植物学纲要：根据米尔贝尔、德·坎多勒、理查德、勒科克等著名植物学家的意见综合整理的版本》（*Compêndio de Botânica: Adicionado e Posto em*

Harmonia com os Conhecimentos Actuais desta Ciência, Segundo os Botânicos mais Célebres como Mirbel, De Candolle, Richard, Lecoq e outros）（1837—1839）。

若泽·科雷亚·达·塞拉大神甫
（Abade José Correia da Serra）
（1750—1823）

出生于葡萄牙塞尔帕，植物学家和地质学家，曾在意大利、法国、英国和美国等国家生活，并因此有机会接触到许多当时各国著名的科研一线人员。其间，塞拉还曾担任葡萄牙驻华盛顿大使。

塞拉从 6 岁起便跟随父母到意大利生活。他在拉菲斯公爵的资助下完成学业，其间与卢伊斯·安东尼奥·维尼相识。自 1775 年起，塞拉成为神父，学习并专研植物学（后成为果实学专家）和地质学。在 1779 年里斯本科学院成立之际，初出茅庐的塞拉就出任了院长秘书。1786 年塞拉又前往法国，并在那里生活工作了 5 年。1797 年，塞拉因在里斯本科学院任职期间回护一位逃亡的法国博物学家而被迫逃往英国。后来他从英国去往法国巴黎，又辗转来到美国。1813—1821 年，塞拉担任了驻美特命全权大使一职。他与美国第三任总统托马斯·杰斐逊相交甚笃，杰斐逊称赞塞拉是"他见过的最有学问的人"，甚至在位于华盛顿的蒙蒂塞洛庄园中特地为好友留着一间客房，名为"科雷亚大神甫之房"。塞拉曾收到美国宾夕法尼亚大学的任教邀请函，他并没有接受，但却接受了美国哲学学会的邀请，并担任教职。1820 年，塞拉回到葡萄牙，1822 年出任议员。1823 年，塞拉于卡尔达斯达赖尼亚辞世。

塞拉与坎多勒（Candolle）、居维叶（Cuvier）、朱西厄和亚历山大·冯·洪堡（Alexander von Humboldt）等众多知名科学家都有交情，还经常与布罗特罗互通信件。塞拉身为多个国际学会成员，其国际间活动相当频繁，并由此成为了各国植物学家之间进行科学交流的中间人。这些国际学会包括巴黎博物学与科学学会、伦敦博物学协会、皮埃蒙特（Piemonte）和托斯卡尼亚（Toscânia）的农业学会、瓦伦西亚经济学会（Sociedade de Economia de Valença）和美国哲学学会，以及巴黎、都灵、佛罗伦萨、锡耶纳、曼图亚、波尔多、里昂、马赛和列日等地的科学院。

塞拉在多家国际期刊上发表过文章，包括《皇家学会会刊》、《巴黎自然历史博物馆年鉴》（*Annales du Musée d'Histoire Naturelle de Paris*）和《美国哲学学会哲学汇刊》（*Philosophical Transactions da Sociedade Filosófica Americana*）。

亚历山大·罗德里格斯·费雷拉
（Alexandre Rodrigues Ferreira）
（1756—1815）

出生于巴西巴伊亚，巴西博物学家，曾在科英布拉求学，因在亚马孙雨林进行过漫长的哲学之旅而闻名。费雷拉早年在家乡接受了宗教教育，并于1768年在当地加入教会。他在科英布拉大学求学期间，选择了自然哲学和数学为主攻方向。1779年，费雷拉获得哲学博士学位，并留校担任博物学研究生导师，后在阿茹达皇家博物馆工作。1780年，费雷拉成为里斯本科学院的通讯会员。女王玛丽亚一世在经济和政治利益的驱使下，派遣费雷拉去往格朗帕拉（Grão Pará）、里奥内格罗（Rio Negro）、马托格罗索（Mato Grosso）和库亚巴（Cuiabá）

等巴西殖民区进行哲学之旅。此行开始于 1783 年，历时 9 年，目的是收集物种标本和记录所观察到的一切，包括原住民人口数量等，费用由科学院和海外领事部（Ministério dos Negócios e Domínios Ultramarinos）赞助。费雷拉是船上唯一的博物学家，同行的还有绘图师若泽·科迪纳（José Codina）、若泽·若阿金·弗雷尔（José Joaquim Freire）和多名助理。他们沿着亚马孙河航行，在这片广阔且复杂的水路中穿行。沿河收集到的物种标本等资料并没有立即付诸研究，后来，这些标本的其中一部分在法国入侵期间被运往巴黎，另一部分存放于里斯本科学博物馆和科英布拉科学博物馆，还有一部分尘封在巴西里约热内卢的国家图书馆基金会（Fundação Biblioteca Nacional）。2010 年，人们在对科英布拉大学的藏品进行调查时发现，几条来自巴西的鱼被完好地保存在标本馆。费雷拉娶了"哲学航行"号（Viagem Philosophica）船长的女儿为妻，因为船长已将女儿的嫁妆充作了把标本等研究材料运送至葡萄牙的费用。1793 年，费雷拉回到葡萄牙后，成了海外领事部的一名官员，并担任皇家博物学实验室（Real Gabinete de História Natural）和植物园的临时主任。次年，他被任命为皇家庄园（Reais Quintas）主管和皇家贸易委员会（Real Junta do Comércio）委员。1815 年，费雷拉于里斯本辞世。

费雷拉的主要作品是《哲学之旅日记》（*Diário da Viagem Filosófica*），于 1887 年在《巴西历史和地理研究所杂志》（*Revista do Instituto Histórico e Geográfico Brasileiro*）上发表。

若泽·博尼法西奥·德·安德拉达－席尔瓦
（José Bonifácio de Andrada e Silva）
（1763—1838）

出生于巴西桑托斯（Santos），博物学家，曾担任科英布拉大学冶金学教授和巴西外交部部长。

　　博尼法西奥生于一个葡萄牙贵族家庭，在圣保罗就进入了科英布拉大学预科班，并于1783年前往科英布拉就读。在1787年和1788年，他分别完成了自然哲学课程和法律课程的学习。1789年，他获得了成为地方法官的从业资格。1790年，博尼法西奥作为科学院成员，受命在欧洲进行科学考察，并在巴黎目睹了轰轰烈烈的法国大革命（1789—1799）。1790—1791年，他在皇家矿业学校（Escola Real de Minas）学习化学和矿物学课程，由此结识了拉瓦锡、章塔尔、朱西厄等著名科学家。随后，博尼法西奥前往德国萨克森州的弗赖贝格参加实践课程，1792年就读于那里的矿业学校。他跟随德国矿物学家亚伯拉罕·戈特洛布·维尔纳（Abraham Gottlob Werner）学习炼钢技术，还与亚历山大·冯·洪堡成了好朋友。之后，他分别实地考察了蒂罗尔州、施蒂利亚州和卡林西亚州的矿场。他去了意大利的帕维亚观听伏特的讲座，还去了帕多瓦，研究当地山区的地质结构。他从1796年起往返于瑞典和挪威，并对他发现的四种新矿物种类作了详细的描述记载。在访问了大部分北欧国家后，博尼法西奥于1800年回到了葡萄牙。同年，他开始负责埃斯特雷马杜拉省的矿物学研究工作。1801年，他担任科英布拉大学为其专门设立的冶金学教授一职。他曾被任命为王国金属矿产部总督兼矿业法庭成员，以及铸币厂、矿业局和林业局的负责人。1801年，他接管了蒙德古角的煤矿，并在菲盖罗杜什维纽什和阿韦拉尔重新建立了铸铁冶炼厂。同年，他成为里斯本铸币厂皇家化学实验室主任。1807年，他成为科英布拉公共工程的主管。1808年，博尼法西奥负责指挥学术营，在法国入侵时守卫科英布拉大学。1812年，他成了科学院的终身秘书，并结识了范德利身边的先进知识分子群体。1819年，博尼法西奥回到了巴西。起初，他支持佩德罗一世摄政。但在巴西宣布独立后，他开始与分裂者进行顽强的斗争，而后在制宪议会上的争论中与皇帝决裂。1823年，博尼法西奥开始了在法国的六年流亡生涯。在回到巴西后，他又与佩德罗一世和解，并在1831年佩德罗一世退位时担任皇子的导师，直到1833年被摄政政府解雇。1838年，博尼法西奥于尼泰罗伊（Niterói）辞世。

博尼法西奥在国际杂志上发表过多篇文章，其中于1815年发表的一篇文章中，首次在葡语中创造并使用了"Tecnologia"（科技）这个词汇。

维森特·塞阿布拉·特莱斯（Vicente Seabra Teles）（约1764—1804）

出生于巴西米纳斯吉拉斯（Minas Gerais）的孔戈尼亚斯（Congonhas），毕业于科英布拉大学，后来成为该校化学教授，曾撰写一篇介绍新化学学科的论文。

塞阿布拉于1783年抵达葡萄牙，1787年毕业于科英布拉大学哲学专业，1791年毕业于科英布拉大学医学专业。他参考拉瓦锡的新化学理论，于1791年写出了葡萄牙语中第一本推翻燃素理论的论著。同年，塞阿布拉被任命为科英布拉大学哲学院化学和冶金学助教，并获得了哲学博士学位。1793年，他被任命为化学和冶金学副教授；1795年，他被任命为植物学和动物学副教授；1801年，他被任命为农业和卫生学副教授。此外，塞阿布拉还是里斯本科学院的成员。他的著作《化学纲要》（*Elementos de Chimica*）被提交给了里约热内卢文学协会（Sociedade Literária do Rio de Janeiro），很快就被用于其化学课程的教材。然而，当时科英布拉大学还在根据大学改革章程要求，忙于起草化学课程大纲，围绕最佳方案的讨论进行了相当长一段时间（与物理学的情况不同，化学教材一直选用国外学者的论著，直到很久之后才有所改变），至于为何塞阿布拉的著作未被选用，实在令人费解。1804 年，塞阿布拉于里斯本去世。

塞阿布拉的主要作品有：《论普通发酵法及相关物种》（*Dissertação sobre a Fermentação Geral e suas Espécies*）（1787）；《化学纲要》（1788—1790）（有复刻版传世）；《论热量》（*Dissertação sobre o Calor*）（1788）；《有关蓖麻籽或蓖麻种植的葡萄牙语、法语和拉丁语化学命名法》（*Nomenclatura Chimica Portugueza, Franceza e Latina e Memória sobre a Cultura do Rícino ou Mamona*）（1791）。此外，他还著有农业领域的相关作品。

贝尔纳尔迪诺·安东尼奥·戈梅斯
（Bernardino António Gomes）
（1768—1823）

出生于葡萄牙帕雷德斯德科拉（Paredes de Coura），医生和植物学家，因分离出可用于治疗疟疾的金鸡纳碱而闻名。

1793 年，戈梅斯在科英布拉大学获得医学博士学位，成为阿威罗的一名医生。后来，他被任命为皇家舰队军医，并于 1797 年随舰队启程前往巴西，在那里度过了 4 年。作为军医，他曾在里斯本的海军医院和军事医院工作，治愈了直布罗陀附近的葡萄牙舰队中流行的伤寒。1812 年，戈梅斯成为里斯本科学院的成员，在那里创建了负责抗击天花的研究所；1817 年成为了王国贵族院医师；同时，他还是议会协作员。后来，戈梅斯回到巴西，协助即将登基的佩德罗一世的王后打理政务。在里约度过短暂的半年后，戈梅斯又回到里斯本继续研究各种药用植物，他发表的相关著作对国际科学界产生了巨大影响。值得一提的是，在里斯本铸币厂皇家化学实验室里，戈梅斯通过结晶法分离提取出了金鸡纳树皮中的活性物质——金鸡纳碱（又称金鸡纳霜）。这一发现的原创性也有争议，因为早在17世纪，金鸡纳碱就已经被用作退热药。1823年，戈梅斯于里斯本离世。

戈梅斯有一个与他同名的儿子，在医学上也颇有造诣，是葡萄牙麻醉学的先驱。

戈梅斯的主要作品有：《巴西部分植物的植物医学观察》(*Observações Botanico-Medicas sobre Algumas Plantas do Brazil*)(1812)；《论金鸡纳树皮和其他树皮中的金鸡纳碱及其功效》(*Ensaio sobre o Cinchonino, e sobre sua Influencia na Virtude da Quina, e d'Outras Cascas*)(1812)；《论皮肤病的皮肤病学描写或简明系统性描写》(*Ensaio Dermosographico ou Succinta e Systematica Descripção das Doenças Cutâneas*)(1820)。

卡尔洛斯·里贝罗（Carlos Ribeiro）
（1813—1882）

出生于里斯本，被誉为"葡萄牙地质学之父"，同时也是葡萄牙大陆地层学的先驱，在葡萄牙开创了实地考察这一地质学核心研究方法。

里贝罗于1823年参军，先后在皇家海军学院、防御工事、炮兵与设计学院（Academia de Fortificação, Artilharia e Desenho）以及陆军学校（Escola do Exército）就读，于1837年完成全部学业。毕业后，里贝罗曾在埃尔瓦什担任军官。1840年，他被调往波尔图，一边工作一边在波尔图理工学院继续学习深造，他最早的地质研究便是在波尔图市郊区展开的。1845年，里贝罗受公共工程公司（Companhia das Obras Públicas）

委托，负责修建里斯本－卡尔达斯达赖尼亚以
及卡尔瓦略斯－沃加桥（Carvalhos-Ponte de
Vouga）这两段公路，然而，此工程却在1846
年玛丽亚·达·丰特革命（Revolução da Maria
da Fonte）的影响之下被迫中断，他自己就参与
了这次革命。被捕并出狱后，他入职了法罗博
（Farrobo）和达马西奥（Damásio）的公司。里

贝罗任职期间曾多次在全国各地进行考察旅行，其间收集了不少矿石样本，
这些样本后来收藏于国家地质委员会。里贝罗在各地的考察旅行结束后，
还根据在各矿场和采石场的勘察经历，出版了多部回忆录。1849年，里贝
罗开始在布萨库和蒙德古角从事煤矿工作。在布萨库，他结识了英国地质
学家丹尼尔·夏普（Daniel Sharpe），也正是在这次合作后，里贝罗真正
开始了他对葡萄牙地层学的研究。1852年，他成了公共工程总局（Direcção
Geral de Obras Públicas）的下属部门负责人，主要负责采石场、矿场和
地质工程的相关工作。里贝罗与佩雷拉·达·科斯塔（Pereira da Costa）
一同制定了葡萄牙的第一部采矿法。1852—1857年，里贝罗绘制了杜罗河
和特茹河两地之间的地质图，以及阿连特茹的地质草图。1857年，里贝罗
和佩雷拉·达科斯塔一同被任命为地质委员会主任，负责葡萄牙地质图的
绘制工作。1858年，里贝罗游历欧洲，结识了许多专家学者。1859年，他
又被任命为矿业、地质与蒸汽机械办公室（Repartição de Minas, Geologia
e Máquinas a Vapor）主任。他于1863年开始了对史前时代的地层研究，
并在研究特茹河谷的第三纪地层时，发现了穆热贝壳堤遗迹。当时国际学
界对第三纪地层和人类进化的研究正如火如荼，因此这一遗迹的发现使得
里斯本成了1880年第九届史前人类学和考古学国际大会的召开地。1868
年，地质委员会并入测地局（Direcção dos Trabalhos Geodésicos），成为
其下属部门，由里贝罗担任部长。里贝罗绘制的葡萄牙大陆地质图在1867

年①巴黎世界博览会上展出并获奖，该图后来由葡萄牙军事工程师内里·德尔加多（Nery Delgado）和瑞士地质学家莱昂·保罗·乔法特（Léon Paul Choffat）修订和更新。里贝罗曾在1870—1874年和1880—1881年担任立法机构代表，同时也是众多国内外科学协会的成员。1882年，里贝罗于里斯本逝世。

里贝罗著有多部作品，均由里斯本科学院出版。

安东尼奥·达·科斯塔·西蒙斯（António da Costa Simões）（1819—1903）

出生于葡萄牙梅阿利亚达（Mealhada），科英布拉大学医学教授兼校长，科英布拉市长。其主要贡献是将法国医生克劳德·伯纳德（Claude Bernard）的实验生理学思想引入葡萄牙。

西蒙斯于1843年在科英布拉大学攻读完医学课程，次年获得博士学位。1852年，他成为科英布拉大学医学院教授。1854年，他当选为王国贵族院议员，1856—1857年出任科英布拉市市长。1860年，西蒙斯成了科英布拉大学解剖学教授，后转而教授组织学和普通生理学，在上述领域均展开了深入研究，还创建了一个教学实验室。西蒙斯对克劳德·伯纳德在几年前创立的肝糖原理论进行了研究，相关实验结果发表在西蒙斯与维克多里诺·达·莫塔（Victorino da Motta）在1859—1860年合著的多篇论文当中。西蒙斯还研究了箭毒的特性，这是伯纳德在生理学实验中引入的一种毒药。1865年，西蒙斯开始在一些已经展开组织学和生理学研究的

---

① 作者误写为1878年。——译者注

大城市进行访学之旅，例如巴黎、布鲁塞尔、阿姆斯特丹、柏林和慕尼黑等地。他先后在法国和德国进修了一段时间，并搜罗来一批先进设备，使得科英布拉大学生理学实验室的设施更加齐备，也将自己负责的几门课程的实践教学水平提高到了国际水平。1870 年，他被任命为科英布拉大学医院院长。1878 年，西蒙斯开始了第二次欧洲访学之旅，又一次造访了欧洲各大城市。他主持了一项药学改革项目，并致力于化学分析领域的研究，分析了卢索水域的水质情况，还在科英布拉的供水项目中发挥了重要作用。西蒙斯擅长化学分析，并将其运用于司法检验领域，曾撰写了多篇关于司法化学的文章。1888 年，西蒙斯退休后返回故土。他曾是多个学会的成员，包括里斯本科学院、都灵皇家医学院、伯南布哥学院、位于马德里的西班牙人类学协会以及波尔图医学联盟（并出任该联盟名誉主席）。他是科英布拉研究所的创始人之一，于 1867—1872 年担任所长。1903 年，西蒙斯在梅阿利亚达的家中去世。

西蒙斯著有许多作品，其中包括：《卢索温泉：历史、发展及管理》（ *Noticia dos Banhos de Luso: Apontamentos sobre a Historia, Melhoramentos, e Administração d'estes Banhos* ）（1859）；《与组织学对应的人体生理学纲要》（ *Elementos de Physiologia Humana com a Histologia Correspondente* ）（1861）；《科学之旅报告》（ *Relatorios de uma Viagem Scientifica* ）（1866）；《科英布拉大学医院：艺术学院医院重建工程》（ *Hospitaes da Universidade de Coimbra: Projecto de Reconstrucção do Hospital do Collegio das Artes* ）（1869）。

阿戈斯蒂尼奥·维森特·洛伦索（Agostinho Vicente Lourenço）（1826—1893）

出生于印度马尔加奥（Margão），化学家，主要在法国进行职业学术活动，同时也曾在欧洲其他科学中心与多位著名化学家共事。

洛伦索毕业于果阿外科医学校（Escola
Médico Cirúrgica de Goa），并于 1847 年在该校
担任代课老师。1848 年，他来到里斯本，但不
久又去往巴黎，在那里他对化学产生了浓厚的兴
趣。1853 年，洛伦索获得了巴黎中央工艺制造
学院（又称巴黎中央理工学院）的化学工程师文
凭和巴黎大学的科学博士学位。1859—1861 年，
他曾在阿道夫·武尔茨的实验室效力，后来又在冯·李比希实验室（德国
吉森）、本生实验室（德国海德堡）和冯·霍夫曼实验室（英国伦敦）工作
过。洛伦索最杰出的科学活动是在巴黎进行的，在那里他进行了乙二醇和
乙烯氧化物的有机化学研究和实验。当时高分子聚合物还未投入应用，而
洛伦索成功预测了聚乙烯醇和聚甘油醚的存在，并用乙二醇和甘油制备了
几种聚合物。武尔茨曾多次在文章中提及洛伦索的研究成果，强调洛伦索
是第一个制备出二甘醇（又名二乙二醇醚）的化学家。此外，洛伦索的研
究还启发了武尔茨将有机化学与矿物化学结合起来的创举。不仅如此，洛
伦索的实验对于原子论的巩固同样意义重大。

　　1862 年，尽管也收到了其他高校（如里昂大学）的邀请，洛伦索还
是选择来到葡萄牙，担任里斯本理工学校的有机化学教授。他尝试继续自
己之前在法国开展的研究，然而并没能取得更深入的进展。洛伦索对葡萄
牙的多处水域进行了分析，尤其是里斯本、沙维什（Chaves）和维泽拉
（Vizela）水域。他还为理工学校的化学实验室配备了新的仪器，制定了新
的实验流程，并担任了几年的实验室主任。他曾多次出国访学，参观各地
实验室并参加国际会议。1893 年，洛伦索于里斯本逝世。

　　在巴黎时，洛伦索在巴黎科学院的《法国科学院院刊》和《化学和物
理年鉴》上共发表了 9 篇文章。

若阿金·内里·德尔加多（Joaquim Nery Delgado）
（1835—1908）

出生于葡萄牙埃尔瓦什，葡萄牙军队的军事工程师兼将军，葡萄牙地质学的先驱者之一。

德尔加多的父亲是一名中校，很早就离开人世。由于家庭原因，他一直在亚速尔群岛生活到1844年。他在里斯本理工学校攻读采矿学和验矿学，后于陆军学校工程专业毕业。1856年，德尔加多成为公共工程与工商业部（Ministério das Obras Públicas, Comércio e Indústria）下设的委员会成员，研究解决蒙德古河的洪水泛滥问题。后来，德尔加多作为卡尔洛斯·里贝罗的助理加入了地质委员会，但由于卡尔洛斯·里贝罗和佩雷拉·达·科斯塔两位主任之间的纠纷，该委员会于1868年解散。在政府命令之下，委员会于次年重组为地质勘察部（Secção dos Trabalhos Geológicos），德尔加多再次担任里贝罗的助理，并在里贝罗去世后于1882—1908年接任部长。他还创建了地质勘察部通讯社，与许多地质专家保持通信联系，组织了多次国外地质勘察活动，是多个科学协会的成员。德尔加多还参加了1878年召开的国际地质学大会，促进了地质学的用语标准化，获得了许多奖项。1908年，德尔加多在一次去布萨库地区的实地考察中不幸意外身亡。

德尔加多的科研成果十分广泛，从地质制图学到应用地质学均有涉猎，包括地层学、古生物学、考古学和古人类学等领域。德尔加多对葡萄牙的古生代地形及其地层分类进行了勘察。他研究了志留纪页岩下界的年龄以及奥陶纪化石，并在埃尔瓦什的博因镇（Vila Boim）发现了寒武纪化石。1904年，德尔加多发现了上阿连特茹（Alto Alentejo）的寒武纪动物群化石遗址，并认为这是地球上最早的生命痕迹。

如前所述，"葡萄牙地质学之父"里贝罗曾编制了比例为 1∶500000 的葡萄牙地质图，并在 1867 年巴黎世界博览会展出，后于 1876—1877 年印制出版。而德尔加多则与乔法特共同绘制了比例为 1∶1500000 的欧洲地质图，于 1896 年在柏林出版。1876 年，德尔加多与乔法特再次合作，绘制了另一幅更为精确的葡萄牙地质图，这幅地图于 1888 年在伦敦展出，1899 年交付印制，1900 年在巴黎世界博览会上赢得了金奖。该版本地图直至 1972 年之前，一直被作为葡萄牙国家领土的参考地质图。

茹利奥·恩里克斯（Júlio Henriques）
（1838—1928）

出生于葡萄牙卡贝塞拉什德巴什图（Cabeceiras de Bastos）的阿库德包列（Arco de Baúlhe），植物学家，葡萄牙早期接受达尔文理论的人之一，在科英布拉接替布罗特罗的工作，推动了植物园的发展。

1859 年，恩里克斯取得了科英布拉大学法律学位，同时还完成了哲学院的课程。1865 年获得哲学博士学位，其论文题目是《物种能够变异吗？》（As Espécies São Mudáveis?）。1866 年，恩里克斯在科英布拉大学哲学院教职考试中撰写了一篇关于人类进化的论文，随后成了植物学与农业、动物学、化学与矿物学讲师。1872 年，他成为植物学讲师，该职位自布罗特罗之后一直处于空缺状态。1873 年，恩里克斯被正式任命为植物学教授，开始讲授植物学及农学知识。由于工作上尽职尽责，恩里克斯升任为大学植物园园长。他改造了植物园，使其服务于教学和科研。他还创建了植物博物馆，并建立了植物学图书馆和实验室。藏品不断地从世界各地运来，博物馆的规模逐渐增大，还吸纳了一份内含十多万件标本的德国植物标本集。1880 年，恩里克斯创建了布罗特罗学会，并创办《布罗特罗学会公报》(*Boletim da Sociedade Broteriana*)，第一卷于 1883 年出版。同时，他也是多个葡萄牙国内外科学机构的成员。恩里克斯的考察足迹遍及全国各地，这也为他日后进行的多项有关葡萄牙植物群的专题研究打下了坚实的基础。他从自己收集的植物标本中发现了许多新物种，并对其加以描述和记录，还与其他著名植物学专家共同进行了分类研究。除此之外，殖民地农业也是恩里克斯关注的领域，而植物园便成了探索殖民地农业潜能的"试验场"。1907 年，恩里克斯代表科英布拉大学前往瑞典的乌普萨拉市 (Upsala)，庆祝林奈的二百周年诞辰，并被授予荣誉博士学位。在担任科英布拉大学植物园园长 40 年后，恩里克斯于 1918 年退休，但这位博物学家依然兢兢业业地耕耘着，直至生命的最后时光。1928 年，恩里克斯在科英布拉去世，去世前一直住在植物园附近、他学生时代的房间里。

恩里克斯对非洲西海岸几内亚湾的圣多美岛（今属圣多美和普林西比民主共和国）上的植物群进行了开创性研究。他还出版了第一本关于葡萄牙地区植物群方法研究的著作——《蒙德古盆地植物群概要》(*Esboço da Flora da Bacia do Mondego*)。

弗朗西斯科·戈梅斯·泰谢拉 (Francisco Gomes Teixeira)
(1851—1933)

出生于葡萄牙阿马马尔 (Armamar) 的圣科斯马多 (São Cosmado)，科英布拉大学、波尔图理工学院和波尔图大学数学教授。

泰谢拉于 1874 年在科英布拉大学完成数学课程，并于 1875 年获得博士学位，1876 年成为里斯本科学院成员以及数学院的代课教师。1877 年，

他创办了《数学和天文科学杂志》，该杂志存续28年后并入《波尔图理工学院科学年鉴》。1878年，泰谢拉成为里斯本天文台的专职天文学家，但仅四个月后就回到了科英布拉大学。1879年，泰谢拉当选为再生党（Partido Regenerador）议员，负责出席议会会议，直至1884年离任。1879年，泰谢拉开始在科英布拉大学教授数学分析课程，1880年正式升任教授。1884年，泰谢拉调任到波尔图理工学院，担任微积分专业教授。1911年，泰谢拉虽身为保皇派，但还是被任命为新成立的波尔图大学的第一任校长。1933年，泰谢拉在波尔图去世。

泰谢拉著有近三百篇作品，其中有140多篇文章都刊发在当时最著名的国际科学杂志上。以下是他的部分作品：《连分数函数方程》（*Desenvolvimento das Funções em Fracções Contínuas*）（1871）；《微积分分析教程》（*Curso de Análise Infinitesimal*）（第一卷，1889；第二卷，1892）；《曲线论》（*Traité des courbes*）（法译本第一部，1908；第二部，1909；西语原版，1899；再版，纽约切尔西出版社，1971，巴黎雅克·加贝出版社，1995；法译本修订版，1908；法译本修订版再版，切尔西出版社，1971，雅克·加贝出版社，1995）；《数学文集》（*Obras sobre Matemática*）（第一卷，1904；第二卷，1906；第三卷，1906；第四卷，1908；第五卷，1909；第六卷，1912；第七卷，1915）；《葡萄牙数学史》（*História das Matemáticas em Portugal*）（1934）。

米格尔·邦巴尔达（Miguel Bombarda）
（1851—1910）

出生于巴西里约热内卢，里斯本外科医学校教授，共和党政治家，在共和革命的前夕被暗杀。

邦巴尔达毕业于里斯本外科医学校，论文题目是《被迫害妄想症》（*Delírio das Perse-guições*），后留校成为组织学教授。1880 年，邦巴尔达开始教授病理生理学和组织学，后在 1903年转而教授普通生理学和组织学。邦巴尔达对神经系统疾病的研究尤为感兴趣，还为医学研

究改革做出了巨大贡献，例如在圣安娜广场建造了医学大楼，并采办了许多新的医用材料。1892 年，邦巴尔达成为里利亚福莱斯医院院长，该医院后来以他的名字命名。1896 年，邦巴尔达还在里利亚福莱斯开设了一个免费的精神病学课程。此外，他还在里斯本圣若泽医院做过医生。邦巴尔达是高级卫生委员会（Conselho Superior de Higiene）、葡萄牙自然科学协会（Sociedade Portuguesa de Ciências Naturais）（担任会长）和法律医学委员会（Conselho de Medicina Legal）的成员。他还是结核病防治全国联盟（Liga Nacional contra a Tuberculose）秘书长，主持里斯本医学科学院（Academia das Ciências Médicas de Lisboa）的工作。1906 年，时任秘书长的邦巴尔达负责组织了在里斯本举行的第十五届国际医学大会，大会还见证了医学大楼在圣安娜广场的落成典礼，堪称葡萄牙医学史上的一次高光时刻。

1908 年，邦巴尔达出任议员，开启了政治生涯。他公开宣布自己是共和主义者，并参与制订推翻君主制的革命计划。1909 年，他正式成为革命委员会成员。然而，就在革命开始的当天，即 1910 年 10 月 3 日，邦巴尔达在里利亚福莱斯医院的办公室里，被一名精神病人暗杀。

邦巴尔达著有几十卷书和数百篇论文，内容主要是临床和卫生问题以及精神病学研究。邦巴尔达是反教派和自然一元论的捍卫者，他的《良心与自由意志》（*A Consciência e o Livre Arbítrio*）（1897）一书出版时引发了

不少议论。此外，他还发表过《科学与耶稣会主义》（*Ciência e Jesuitismo*）和《驳某学者神父》（*Réplica a um Padre Sábio*）等饱受争议的演讲。其科学著作包括：《论大脑半球及其精神功能》（*Dos Hemisférios Cerebrais e Suas Funções Psíquicas*）（1877）；《神经损伤引起的营养不良》（*Distrofias por Lesão Nervosa*）（1880）；《论癫痫及假性癫痫》（*Lições sobre a Epilepsia e as Pseudo Epilepsias*）（1896）；《嫉妒妄想》（*O Delírio do Ciúme*）（1896）；《小脑症研究的最新成果》（*A Contribuição ao Estudo dos Microcéfalos*）（1896）。他是《当代医学》（*Medicina Contemporânea*）杂志的创始人，直至去世前还一直在管理杂志的相关工作。

安东尼奥·费雷拉·达·席尔瓦（António Ferreira da Silva）（1853—1923）

出生于葡萄牙奥利韦拉迪阿泽梅什（Oliveira de Azeméis）的库库让伊什镇（Cucujães），波尔图理工学院化学教授，葡萄牙化学协会（Sociedade Portuguesa de Química）首任会长。

1872年，席尔瓦进入科英布拉大学学习，并于1877年以高分成绩获得自然哲学学位。1877年，席尔瓦移居波尔图后，在波尔图理工学院担任代课教师，开始了自己的教研生涯。同年晋升为正式教师，专门负责化学的教学工作。1883年，席尔瓦出任波尔图市化学实验室（1884年正式开放）主任，自此闻名遐迩。1884年，席尔瓦加入巴黎化学协会。1885年，席尔瓦转而开始教授有机化学和分析化学。1902年，他被任命为波尔图药学院的法医化学及卫生化学教授。1911年，席尔瓦出任葡萄牙化学协会第一任会长。同年，他成为波尔图药学院理化科学组（grupo de Ciências

FísicoQuímicas）的成员，负责教授有机化学、分析化学和医学预科课程，并当选波尔图科学院院长。席尔瓦是皇室贵族，同时也是多个科学协会的成员，曾代表葡萄牙参加了奥地利维也纳（1898）、巴黎（1900）、柏林（1903）、罗马（1906）、布鲁塞尔和伦敦（1909）等各大城市的学术性大会。1923年，席尔瓦于波尔图去世。为纪念他的贡献，葡萄牙化学协会设立了"费雷拉·达·席尔瓦奖"。

席尔瓦在教职考试中撰写的论文题为《有机化合物的化学分类研究》（*Estudo sobre as Classificações Químicas dos Compostos Orgânicos*）。1905年，他创建了《理论与应用化学》期刊（*Revista de Química Pura e Aplicada*）。他还发表了多篇关于化学分析的著作，其中记录了许多他在化学反应领域的新发现。

里卡尔多·若尔热（Ricardo Jorge）
（1858—1939）

出生于波尔图，波尔图和里斯本外科医学校教授，公共卫生学家和作家。他为葡萄牙引入了公共卫生的概念和技术，在公共卫生管理领域担任过多项职务。

1879年，若尔热毕业于波尔图外科医学校，论文选题为神经病学相关领域。1880年，若尔热留校担任解剖学、生物学和实验生理学教授，此后多次前往法国斯特拉斯堡和巴黎（若尔热曾经在巴黎师从沙尔科）的多家医院研习神经病学。1884年，若尔热放弃了神经病学，转而致力于公共卫生这一研究领域。这一年，他的《社会卫生学在葡萄牙的应用》（*Higiene Social Aplicada à Nação Portuguesa*）一书出版，打开了葡萄牙公共卫生问题的新视角。1892年，若尔热创建了波尔图市卫生健康局。1891—1899年，他作为市卫生健康局的医生，负责管理波尔图市细菌实验室。1895年，若尔热成为波尔图外科医学校的卫生学和法医学教授。1899年，波尔图暴发了疫情，若尔热和卡马拉·佩斯塔纳（Câmara Pestana）二人从细菌学上证实其为鼠疫。若尔热指挥了多项旨在筑建防疫线的卫生隔离措施，包括对鼠疫患者的隔离疏散和房屋内外的消毒，然而此举却引起了民众的愤怒，最终他被迫离开了波尔图。后来在首都里斯本，若尔热被任命为卫生总督察（InspectorGeral de Saúde）和里斯本外科医学校的教授。1899年，若尔热组建了全国结核病患者援助组织（Assistência Nacional aos Tuberculosos）。1903年，若尔热成为里斯本卫生研究中心主任，该中心如今以他的名字命名，称为里卡尔多·若尔热国家卫生研究所。1906年，在里斯本举行的第十五届国际医学大会上，若尔热主持卫生学和流行病学分会议。1914—1915年，若尔热担任里斯本医学科学学会（Sociedade das Ciências Médicas de Lisboa）会长，在随后的几年里还访问了法国战区的卫生队。他组织抗击了"西班牙流感"，以及战后出现的、造成大量死亡的伤寒、天花和白喉等传染病。1939年，若尔热在里斯本去世。

除《社会卫生学在葡萄牙的应用》（1884）外，若尔热还著有《波尔图鼠疫》（*A Peste Bubónica do Porto*）（1899）。另外，他还著有多部艺术、文学、历史和政治领域的作品。

卢伊斯·达·卡马拉·佩斯塔纳（Luís da Câmara Pestana）（1863—1899）

出生于葡萄牙马德拉群岛的丰沙尔岛，大学教授和卫生学家，以葡萄牙细菌学的先驱者著称，于1899年在波尔图感染鼠疫后去世。

1889年，佩斯塔纳毕业于里斯本外科医学校，次年留校担任卫生学、法医学和病理解剖学教授。他在学校授课之余，还成了圣若泽医院的一名外科医生，并于 1890 年转为正式职员。1891 年，佩斯塔纳来到巴黎，他经常出入当地的实验室和医院，以便研究细菌学领域的最新发现。在法国巴斯德研究所，他学习了狂犬病疫苗的接种过程，还在斯特劳斯（Straus）的实验室实习，并在那里开始

了对破伤风的研究。他的母校里斯本外科医学校因而将其任命为细菌学助教。尽管缺乏教研资金，佩斯塔纳还是在一年内成功完成了六篇论文的撰写与发表。佩斯塔纳是多个科学协会的成员，与众多著名的外国科学家都有书信往来。在听到里斯本的水质被污染、且该市及其周边地区的伤寒患者人数急剧增加的消息后，佩斯塔纳于 1892 年对首都的水质进行了检测。为此，他在圣若泽医院临时搭建了一个实验室。同年，佩斯塔纳受到巴斯德研究所的启发，将实验室改造成了里斯本细菌学研究所，并出任第一位主任（该研究所如今就以他的名字命名）。其间，佩斯塔纳在伤寒和白喉的诊断治疗方面所取得的成就尤为突出。1899 年波尔图暴发鼠疫时，佩斯塔纳被派去进行调查，不幸感染了鼠疫杆菌，最终在里斯本的阿罗约斯医院（Hospital de Arroios）救治无效身亡，去世时年仅 36 岁。

佩斯塔纳与同事阿尼巴尔·贝当古（Aníbal Bettencourt）合作撰写了数篇文章，重点对 1894 年发生在里斯本的新型伤寒疫情进行了细菌学研究，还对巴斯德治疗狂犬病的机理和方法进行了研究。另外，他还发表了关于麻风杆菌和其他细菌学课题的研究报告。佩斯塔纳在《当代医学》、《医学外科杂志》（*Revista de Medicina e Cirurgia*）和《医学档案》（*Arquivo de Medicina*）等众多期刊上都发表过文章。佩斯塔纳最具影响力的作品有：《葡萄牙狂犬病》（*A Raiva em Portugal*）（1896，与米格尔·邦巴尔达合著）和《1894 年里斯本疫情的细菌学研究》（*Bakteriologische Untersuchungen über die Lissaboner Epidemie von 1894*）（1898）。

弗朗西斯科·米兰达·达·科斯塔·洛博
（Francisco Miranda da Costa Lobo）（1864—1945）

出生于葡萄牙德拉什乌什蒙特什（Trás-os Montes）的维尼艾什（Vinhais），科英布拉大学数学院天文学教授、天文台台长兼科英布拉研究所所长，在葡萄牙安装了第一台太阳单色光照相仪。

1882 年，洛博以少尉军衔攻读工程学课程，最终于 1924 年晋升为陆军中校。1884 年，洛博在科英布拉大学获得了数学和哲学学士学位；1885 年，又获得了数学院博士学位，同年留校成为教授，并担任大学天文台台长，直到 1934 年退休，还被授予了天文台"荣誉台长"的称号。1925 年，在法国默东天文台台长亨利·德斯兰德斯（Henri Deslandres）和葡裔法国天文学家吕西安·达赞布亚（Lucien D'Azambuja）的鼎力相助之下，洛博在科英布拉安装了葡萄牙第一台太阳单色光照相仪。洛博并不认同相对论，甚至提出了一个伪科学理论来取代它，但很快便被同事驳倒。

洛博是科英布拉和布拉干萨议员，负责掌管科英布拉研究所、葡萄牙科学进步协会（Associação Portuguesa para o Progresso da Ciência）以及葡萄牙农民协会（Associação de Agricultores de Portugal）（洛博对葡萄种植情有独钟）。他获得了国内外的多种奖项和勋章，是斯特拉斯堡大学的荣誉博士。洛博曾举办多场国内外重要会议，并凭借在这些会议上建立的人脉关系，为科英布拉天文台的发展做出了巨大贡献。1945 年，洛博于科英布拉去世。他的儿子名叫古默尔津多（Gumerzindo），也是一位天文学家，与他同在科英布拉天文台工作。

洛博创办了《科英布拉大学天文台年鉴》期刊（*Anais do Observatório Astronómico da Universidade de Coimbra*）。

安东尼奥·埃加斯·莫尼兹（António Egas Moniz）
（1874—1955）

出生于葡萄牙阿万卡，神经科医生、研究员、教授、政治家和作家，与瑞士医生瓦尔特·鲁道夫·赫斯共同获得1949年诺贝尔生理学或医学奖。

莫尼兹原名为安东尼奥·卡埃塔诺·德·阿布雷乌·弗雷尔·德·雷森德（António Caetano de Abreu Freire de Resende），后更名为安东尼奥·埃加斯·莫尼兹，因其家族是阿丰索一世·恩里克斯（D. Afonso Henriques）的家庭教师埃加斯·莫尼兹的直系后裔。莫尼兹在布兰科堡的圣菲耶尔耶稣会学院（Colégio jesuíta de S. Fiel）接受中学教育。1899年，莫尼兹从科英布拉大学医学院毕业后，开始担任代课教师，教授解剖学和生理学。1911年，莫尼兹被调往新成立的里斯本大学医学院，在那里教授神经病学。

莫尼兹首次实现了大脑动脉血管的可视化，为医学发展做出了巨大贡献。经过长时间的X射线实验后，他发现通过脑血管造影可以观察到人脑中的某些疾病，这为脑外科手术开辟了一条新路。这一临床发明得到了当时众多著名神经病学家们的认可，他们对莫尼兹的分析和观察能力表示钦佩。莫尼兹还发明了前额叶切除术，由此曾5次被提名诺贝尔生理学或医学奖。他发表了世界上第一篇有关大脑动脉造影的文章，随后又在巴黎内克尔医院演示了这一技术，几个月后便因此获得了第一次诺贝尔奖提名。1949 年，他终于凭借着在脑外科（精神外科）方面做出的卓越贡献而获得了诺贝尔奖。由莫尼兹发明的这项获奖技术名为"前额叶切除术"，但后来人们才发现，这种手术会带来严重的后遗症。前额叶切除术因此陷入争议的漩涡，最终于 20 世纪 60 年代在全世界范围内被禁止实施。部分接受过前额叶切除术的病人家属甚至要求取消颁发给埃加斯·莫尼兹的诺贝尔奖，但这一请愿未被采纳。1939 年，莫尼兹因遭遇一名病人的枪击而身受重伤，于 1944 年退休。1955 年，莫尼兹于里斯本病逝。

在醉心于临床研究之前，莫尼兹一直活跃于政界。他是中间派共和党（Partido Republicano Centrista）的创始人，进化主义共和党（Partido Evolucionista）的反对者；他辅佐西多尼奥·派斯（Sidónio Pais）上台，在其任期内曾担任葡萄牙驻马德里大使（1917）和葡萄牙外交部部长（1918），并率领外交使团出席了巴黎和会。

他的部分著作见本书第 158 页列表。

马克·阿蒂亚斯（Mark Athias）
（1875—1947）

出生于葡萄牙马德拉群岛的丰沙尔岛，犹太裔医生、生物医学研究员，葡萄牙组织学和生物化学的先驱。

阿蒂亚斯年少时就前往巴黎读书。1897 年取得医学学士学位后，他留在了巴黎，在一所组织学实验室工作。他的研究成果获得了巴黎医学院的表彰，由此他得以与一些组织学和化学专家一起参加实训，其中就包括杜瓦尔（Duval）。阿蒂亚斯的研究深受西班牙唯一的诺贝尔科学奖得主拉蒙－卡哈尔（Ramón y Cajal）的神经组织生理学理论的影响。尽管德雷福斯事件之后反犹太主义在法国盛行，他还是向自己曾经工作过的那所巴黎实验室递交了工作申请，然而最终还是遗憾被拒。因此，阿蒂亚斯回到了家乡丰沙尔，并于 1903 年在首都里斯本定居。在那里，应米格尔·邦巴尔达的邀请，他成了里利亚福莱斯医院的组织学实验室主任。他还曾与细菌学研究所和罗沙·卡布拉尔研究所（Instituto Rocha Cabral）合作。罗沙·卡布拉尔研究所于 1925 年在一葡萄牙百万富翁的赞助下创立，因而以其名字命名，第一任主任是马蒂亚斯·费雷拉·德·米拉医生。那里后来建立了一个生物化学实验室，由流亡葡萄牙的犹太裔德国人库尔特·雅各布森（Kurt Jacobsohn）管理，雅各布森在葡萄牙工作多年，直至退休后才回到以色列。除在实验室工作外，阿蒂亚斯还致力于医学组织学的教学，为医学生们开设了一门组织学技术课程。正是以这门课程为契机，他开始在葡萄牙将实验研究技术引入教学以及生物医学研究（尤其是生物化学研究）当中，达到了科学生涯的巅峰。1919 年，阿蒂亚斯被任命为生理学研究所所长，在这里他创建了一个新学派，推动了葡萄牙医学思维模式的革新，奥古斯托·塞莱斯蒂诺·达·科斯塔正是该学派的代表人物之一。阿蒂亚斯还于 1907 年和 1920 年先后创建了葡萄牙自然科学协会和葡萄牙生物学协会，二者均为葡萄牙相应领域里最早的一批科学协会。1946 年，阿蒂亚斯于里斯本去世。

他著有 138 篇作品，包括科学、教学和科普类文章以及各种报告和书籍，如《实验方法介绍》（*Introdução do Método Experimental*）、《葡萄牙医学和生物科学的主要应用》（*Principais Aplicações às Ciências Médicas e Biológicas em Portugal*）等。

奥古斯托·塞莱斯蒂诺·达·科斯塔
（Augusto Celestino da Costa）
（1884—1956）

出生于里斯本，组织学家和胚胎学家，里斯本大学医学院教授。他大力支持大学的科学研究，致力于葡萄牙科学体系的管理。

1905年，科斯塔毕业于里斯本外科医学校的医学专业，在马克·阿蒂亚斯的指导下开展研究。1906—1908年，他前往柏林游学，参观了多个实验室，并师从赫特维格（Hertwig）和克劳斯（Krause）。1911年，他在里斯本大学医学院开始了自己的教学生涯，并在那里创建了组织学与胚胎学研究所，由此被誉为伊比利亚半岛的"胚胎学之父"。此后的43年中，他一直在医学院担任讲师和研究员，同时也是里斯本民用医院临床分析中心（Análises Clínicas dos Hospitais Civis de Lisboa）主任。1935—1942年，他还担任里斯本大学医学院院长。除此之外，科斯塔还是一位伟大的教育家，不仅献身于教学，还撰写了一系列教科书。他是葡萄牙自然科学协会（1907）的创始人之一，也是国家教育联盟（Liga de Educação Nacional）（1908）和教学研究协会（Sociedade de Estudos Pedagógicos）（1918）的合伙创始人。他还负责管理国家教育委员会（Junta de Educação Nacional）和高级文化研究所。除专业的科学出版物外，他还著有葡萄牙医学史和葡萄牙科学研究管理方面的著作。科斯塔是多个国际协会的成员，例如解剖学家协会（Associação dos Anatomistas）。1956年，科斯塔于里斯本去世。科斯塔有一个儿子叫雅伊梅（Jaime），也是一位广受赞誉的医生。

科斯塔为世人留下了大量著作，其中包括：《供医学生使用的胚胎学纲要》（ *Elementos de Embriologia para uso dos Estudantes de Medicina* ）（1933）；《胚胎学概要》（ *Éléments d'embryologie* ）（1938，巴黎）；《组织学技术手册》（ *Manual de Technique Histologique* ）（1943，第三版）；《组织学与显微解剖学概要》（ *Tratado Elementar de Histologia e Anatomia Microscópica* ）三册（1944）。后两部著作均与神父罗贝尔托·沙韦斯（P. Roberto Chaves）合著。

奥雷利亚诺·米拉·费尔南德斯（Aureliano Mira Fernandes）
（1884—1958）

出生于葡萄牙梅尔托拉（Mértola）的圣多明戈斯矿山（Mina de S. Domingos）地区，数学家，主要贡献是将现代物理学（广义相对论和量子理论）引入葡萄牙。

1910年，费尔南德斯毕业于科英布拉大学数学院，次年获得博士学位，并被任命为里斯本高等理工学院教授，直至1954年退休。1918年，费尔南德斯受邀在高等商业学院（Instituto Superior de Comércio）教授数学分析课程。1928—1938年，他积极与意大利猞猁之眼国家科学院展开合作。在那里，他与意大利数学家列维－奇维塔（Levi-Civita）并肩，在有关广义相对论的数学技术方面取得了一系列重大突破，后来这些研究成果也发表在了葡萄牙的数学期刊《葡萄牙数学》（ *Portugaliae Mathematica* ）上。费尔南德斯还是葡萄牙量子理论教学的先驱，他将该理论纳入了他的"理性力学"课程当中。1928年，费尔南德斯成了里斯本科学院的成员，并提议任命爱因斯坦和列维－奇维塔为通讯会员，这一提议在1932年得到批准。1930年，费尔南德斯成为马德里皇家科学院的成员。1943年，他与安东尼奥·阿尼塞托·蒙泰罗、鲁伊·卢伊斯·戈梅斯一起成立了数学研究委员会。从20世纪40年代起，他的科学著作主要发表在《葡萄牙数学》和《里斯本大学科学院院刊》上。费尔南德斯是经济学应用数学研究中心（Centro de Estudos de Matemáticas Aplicadas à Economia）的董事会成员，也是葡萄牙数学协会的理事机构成员。1958年，费尔南德斯于里斯本去世。

费尔南德斯的全部作品收录于努诺·克拉托（Nuno Crato）编撰的三卷本《奥雷利亚诺·米拉·费尔南德斯作品集》（*Obras de Aureliano Mira Fernandes*）中，在里斯本的卡洛斯特·古本江基金会赞助下出版（2008—2010）。

阿贝尔·萨拉查（Abel Salazar）
（1889—1946）

出生于葡萄牙吉马良斯（Guimarães），医生、教师、研究员、画家和反萨拉查政权主义者，也是葡萄牙20世纪文化领域的代表人物。

1909年，萨拉查进入波尔图外科医学校学习，于1915年以最高等级（20）完成了医学课程，毕业论文题为《论哲学心理学》（*Ensaio de Psicologia Filosófica*）。1918年，萨拉查被聘任为波尔图大学医学院组织学和胚胎学教授，在那里创建了组织学与胚胎学研究所，并担任主任。他对卵巢的结构和发育进行了研究，为此首创了单宁酸－氯化铁媒染法，后来也被称为"萨拉查媒染法"。1919—1925年，萨拉查因在国际期刊上发表了多篇科学著作而扬名海外，还参加了许多国际性会议。1928年，在十年的艰苦工作后，萨拉查因过度劳累而病倒，被迫停止工作达四年之久。1931 年，萨拉查再度回到波尔图大学医学院，却发现自己的办公室早已被拆除，创办的研究所也已废弃，甚至连图书馆都将他拒之门外。为了继续研究工作，他不得不重建实验室。

1935 年，鉴于"其不良教学行为对大学青年的毒害"，奥利维拉·萨拉查独裁政府用一纸法令罢免了萨拉查的波尔图大学医学院教授职位和实验室职务，禁止他出入医学院图书馆，甚至将他逐出葡萄牙。其他许多大学教授也出现在了该法令的开除名单之列，例如奥雷利奥·金塔尼利亚、曼努埃尔·罗德里格斯·拉帕（Manuel Rodrigues Lapa）、西尔维奥·利马（Sílvio Lima）和诺尔顿·德·马托斯（Norton de Matos）等。被迫离开大学后，萨拉查开始发展广泛的艺术创作兴趣，包括版画、壁画、油画、水彩画、素描、雕塑和錾铜等，这些作品如今大多在位于圣马梅德 – 德因费斯塔、由波尔图大学下属的阿贝尔·萨拉查故居博物馆展出。他的艺术作品充分反映了社会现实，引领了葡萄牙绘画领域的新现实主义运动。1946 年，萨拉查于里斯本逝世，遗体被一路护送回波尔图，葬礼现场人山人海。为了致敬萨拉查，波尔图大学建立了以他的名字命名的阿贝尔·萨拉查生物医学研究所。

萨拉查著作等身，其中几部代表作由文学出版社（Campo das Letras）出版。

奥雷利奥·金塔尼利亚（Aurélio Quintanilha）
（1892—1987）

出生于葡萄牙亚速尔群岛英雄港的圣卢西亚教区，真菌遗传学与棉花种植领域教授和研究员。

金塔尼利亚起初就读于科英布拉大学科学院，后于 1912 年前往里斯本大学进修医学。也正是从那时起，他开始从政，成为共和国政权的支持者。

后来金塔尼利亚暂时放下医学，转而在科学院学习博物学，还未毕业便受邀担任科学院的第二助理。1919 年，金塔尼利亚获得了里斯本大学科学院自然科学学位。后来，他又回到了科英布拉，应邀出任科英布拉大学科学院的第一助理，并作为《布罗特罗学会公报》主编，继续负责该报的出版工作。1921 年，金塔尼利亚在科英布拉高等师范学校（Escola Normal Superior de Coimbra）参加了全国考试。1926 年，他获得博物学博士学位，随后成为植物学教授。1928 年，金塔尼利亚结束欧洲游学后，在柏林大学跟随德国科学家克涅普（Kniep）实习，将遗传技术应用于真菌研究。1930 年，在威廉皇家生物研究所（Instituto de Biologia Imperador Guilherme），金塔尼利亚在哈特曼（Hartmann）的指导下开始了另一段实习。

1931 年，金塔尼利亚回到科英布拉大学继续执教。1935 年，金塔尼利亚被萨拉查政府强制免职后，不得不带着微薄的辞退金流亡国外。此后一直到 1939 年，他都留在巴黎国家自然历史博物馆研究真菌分类学。

第二次世界大战期间，金塔尼利亚加入了法国军队。1941 年，他回到祖国葡萄牙，在国家农学站无偿工作。

1943 年，金塔尼利亚接受了位于洛伦索马尔克斯（Lourenço Marques）（今为莫桑比克首都马普托）的棉花委员会研究中心主任的职务，成为一名杰出的棉花专家。1962 年委员会解散后，他在当地的一所大学获得了教职。

1974 年，结束了流亡生活的金塔尼利亚，终于在科英布拉大学复职，最后一次站上了讲台。他参加过很多次国际大会，在 1950 年斯德哥尔摩举行的国际遗传学大会上，他成功反驳了苏联生物学家李森科（Lysenko）的论点，自此一举成名。他还加入了许多国际科学协会，并获得多个奖项。

1975 年，金塔尼利亚定居里斯本，后于 1987 年在当地辞世。

金塔尼利亚一生发表了多部著作，其中包括出版于 1945 年的《性别的科学基础》（*Os Fundamentos Científicos da Sexualidade*），以及发表于《里斯本科学院公报》（*Boletim da Academia das Ciências de Lisboa*）第 38 期（1966）上的《葡萄牙棉花问题和棉花科研中心活动》（*O Problema Algodoeiro Português e a Actividade do Centro de Investigação Científica Algodoeira*）。

马里奥·席尔瓦（Mário Silva）
（1901—1977）

出生于科英布拉，师从居里夫人，科英布拉大学物理学教授，曾在大学试图进行科学研究创新，后被"新国家"政府免职。1925—1930 年，他在巴黎镭学研究院成了居里夫人的博士生和得力助手。当时，玛丽·斯克洛多夫斯卡·居里（Marie Sklodowska Curie）已经享誉全球：她在 1903 年获得诺贝尔物理学奖，又在 1911 年获得诺贝尔化学奖。1928 年，席尔瓦提交了有关放射性研究的博士学位论文，文中详细描述了电离氩气的制备方法，这使得钋周期的数值计算更为精确。1931 年，席尔瓦回到科英布拉大学，被聘为物理学教授。在那里，他坚持不懈地尝试改善葡萄牙的科研环境。他还试图在科英布拉创建一所镭学研究院，其导师居里夫人也已同意前来参加研究院的开幕式，但最后研究所还是未能成功落地。他还在葡萄牙发表了多篇关于放射性研究的文章，并开设了具有显著科学创新性的课程。然而，由于他的政治主张与萨拉查政府对立，在 1947 年被强制解雇。直到 25 年后，席尔瓦才得到平反，并由部长维加·西芒聘任为科英布拉国家科技博物馆馆长，该博物馆后来以他的名字命名，但现已不复存在。1977 年，席尔瓦于科英布拉去世。

马里奥·席尔瓦无疑是一位伟大的教育家，他在教学方面的贡献可见于以下著作:《科学院医学预科生物理教科书》(*Lições de Física para Uso dos Alunos do Curso de Preparatórios Médicos da Faculdade de Ciências*)(1932);《物理力学基本原理：从牛顿到爱因斯坦》(*Mecânica Física-Princípios Fundamentais: Newton-Einstein*)(1945);《电磁场理论》(*Teoria do Campo Electromagético*)(第一卷，1945；第二卷和第三卷，1947);《科学赞歌》(*Elogio da Ciência*)(1967)。

本托·德·热苏斯·卡拉萨（Bento de Jesus Caraça）（1901—1948）

出生于葡萄牙维索萨镇（Vila Viçosa），数学家、教授和反法西斯主义者。负责管理宇宙出版社（editora Cosmos）出版的、以科学文化普及作品为主要内容的"宇宙百科"系列丛书（*Biblioteca Cosmos*）。

1923 年，卡拉萨毕业于里斯本大学高等商业学院，即现在的高等经济与管理学院。1936 年，与其他几位刚从数学和物理学专业毕业的博士一起创建了数理化研究中心（Núcleo de Matemática, Física e Química）。1938 年，他与米拉·费尔南德斯和贝朗·达·维加（Beirão da Veiga）一起创立了经济学应用数学研究中心，并担任主任，直到 1946 年该中心被政府取缔。1940 年，他与安东尼奥·蒙泰罗（António Monteiro）、雨果·里贝罗（Hugo Ribeiro）、若泽·达·席尔瓦·保罗（José da Silva Paulo）和曼努埃尔·扎鲁尔（Manuel Zaluar）一起创办了《数学公报》（*Gazeta de Matemática*）。1941

年，卡拉萨创办了"宇宙百科"系列丛书，共计出版 114 册图书，全球发行量则高达惊人的 793500 本，相当于平均每册图书的发行量达到近 7000 本。此外，他还曾与《技术》（*Técnica*）、《数学公报》、《新党派》（*Seara Nova*）、《高峰》（*Vértice*）和《经济学》（*Revista de Economia*）等杂志合作。1943—1944 年，他与奥雷里亚诺·德·米拉·费尔南德斯一起担任葡萄牙数学协会的第二任主席。1946 年，卡拉萨遭到国家安全警备总署（当时葡萄牙的秘密政治警察）逮捕，并被免除了高等经济金融学院全职教授的职务。1948 年，卡拉萨因心脏病发作逝世于里斯本，享年不到 50 岁。

卡拉萨著有多部具有教育意义和文化意义的作品，其中包括：《插值和数字积分》（*Interpolação e Integração Numérica*）（1930）；《个体的综合文化素质：我们时代的核心问题》（*A Cultura Integral do Indivíduo: Problema Central do Nosso Tempo*）（1933），书中阐述了他的文化、科学和教育干预计划；《代数分析》（*Lições da Álgebra e Análise*）（1935）；《矢量微积分》（*Cálculo Vectorial*）（1937）；《数学的基本概念》（*Conceitos Fundamentais da Matemática*）（1941，格拉迪瓦出版社已有全新修订版）。

曼努埃尔·瓦拉达雷斯（Manuel Valadares）
（1904—1982）

出生于里斯本，师从居里夫人，后担任里斯本大学物理学教授。被新政府驱逐出境后流亡法国，与居里夫人的女儿女婿约里奥 - 居里（Joliot-Curie）夫妇一起工作。

瓦拉达雷斯毕业于里斯本大学物理学专业，1927 年起留校担任助理；1929—1932 年在葡萄牙肿瘤研究所担任助理；1929—1930 年在瑞士日内瓦无线电研究所工作；1930—1933 年，在巴黎无线电研究所工作；1933 年在居里夫人的指导下获得博士学位；1940—1941 年，在意大利的伏特研

究所和公共卫生研究所的物理实验室工作。回到葡萄牙后，瓦拉达雷斯致力于核物理和 X 射线光谱学的研究。以上种种科研经历对他回国后在里斯本大学物理实验室推进核和原子研究的初期工作时发挥了重要作用。1947 年，瓦拉达雷斯与其他若干教授被萨拉查政府解雇。随后，他应居里夫人之女伊雷娜·约里奥－居里（Irène Joliot-Curie）的邀请前往巴黎，与她和她的丈夫一起在相关领域深耕细作。他成了法国国家科学研究中心（CNRS）的研究主管，并于 1957 年升任为主任。瓦拉达雷斯还成为了奥赛核谱和质谱中心（Centro de Espectometria Nuclear e de Espectometria de Massa de Orsay）主任，直到 1968 年卸任。1930 年，瓦拉达雷斯凭借《通过 X 射线光谱分析引起的自然嬗变》（*Análise, por Espectrografia de Raios X, de Transmutações Naturais e Provocadas*）一文荣获里斯本科学院的阿尔图尔·马列罗斯奖（Prémio Artur Malheiros）。法国科学院于 1966 年授予他拉卡兹奖（Prix de La Caze），以表彰他在阿尔法射线光谱学研究方面所做的贡献。1981 年，他获得了里斯本大学的荣誉博士学位。1982 年，瓦拉达雷斯于里斯本逝世。

瓦拉达雷斯在国际期刊上发表有多篇科学文章。

鲁伊·卢伊斯·戈梅斯（Ruy Luís Gomes）
（1905—1984）

出生于波尔图，波尔图大学教授，萨拉查政府时期曾被驱逐出境，流亡南美，1974 年才回到葡萄牙，出任波尔图大学校长。

1926 年，戈梅斯在科英布拉大学科学院（其父是科学院院长）取得了数学学位，随后成为科学院助理教授，1928 年在科英布拉大学获得博士学位。随后，戈梅斯申请了科英布拉大学的正
式教授职位，在历经长达四年的考试之后终获录
取。一段时间后，戈梅斯接受了波尔图大学的邀
请，出任科学院的助理教授。1933 年，他通过教
职考试成了数学教授。同时，戈梅斯还担任科学
院天文学实验室主任，并且成了 1940 年成立的
波尔图大学天文台和葡萄牙数学协会的创始人之
一。1941 年，戈梅斯向高级文化研究所提议创立波尔图数学研究中心，此
提议被采纳后，该中心于 1942 年成立，直至 1947 年都由戈梅斯担任主任。
1943 年，他与安东尼奥·阿尼塞托·蒙泰罗和奥雷利亚诺·德·米拉·费
尔南德斯一起创建了数学研究委员会。1947 年，戈梅斯被解除了波尔图大
学教授一职，原因是他曾对一学生被国家安全警备总署监禁一事提出了抗
议。1945—1957 年，戈梅斯因其政治活动先后共被监禁了 10 次。

　　1949 年，戈梅斯担任波尔图区委员会副主席，负责筹备诺尔顿·德·马
托斯将军竞选共和国总统的工作。他还担任了民主团结运动（MUD-
Movimento de Unidade Democrática）党中央委员会主席，直到该政党于
1956 年解散。1951 年，民主团结运动党将戈梅斯推举为共和国总统候选人，
但他的候选资格遭到取消。之后，戈梅斯不得不流亡国外。

　　1958—1962 年，戈梅斯在阿根廷的巴伊亚布兰卡大学（Universidade
de Bahia Blanca）任教，1962—1974 年在巴西累西腓（Recife）的伯南布
哥大学（Universidade de Pernambuco）任教。1974 年，戈梅斯回到葡萄
牙，成为革命后波尔图大学的第一任校长，后于 1975 年退休，成为名誉校
长。1984 年，戈梅斯在波尔图去世。

　　戈梅斯的主要作品包括：《黎曼积分》（*Integral de Riemann*）（1949）；《相
对论：时间、空间和引力》（*A Teoria da Relatividade: Espaço. Tempo. Grav-
itação*）（1954）；《研究和历史问题》（*Problemas de Investigação e História*）

（1960—1961）。

安东尼奥·吉昂（António Giāo）
（1906—1969）

　　出生于葡萄牙雷根古什迪蒙萨拉什，20 世纪著名气象学家和理论物理学家，其学术生涯主要在国外度过，并与爱因斯坦常有书信来往。

　　吉昂毕业于埃武拉的一所中学，后进入科英布拉大学进修。但仅一年后，他就前往斯特拉斯堡继续学习，并于 1927 年毕业于地球物理工程和（大气）物理学专业。他曾在卑尔根大学、佛罗伦萨大学、热那亚大学、都柏林大学、比利时皇家气象研究所、法国气象研究所和庞加莱研究所等机构工作。吉昂在国际上具有极高的知名度和影响力——他曾收到来自麻省理工学院的任职邀请，甚至受邀参加 1928 年横越北极的国际探险队。好在吉昂没有接受去北极探险的邀请，因为这次由翁贝托·诺比莱（Umberto Nobile）领队的北极探险之旅最终以悲剧收场。回到葡萄牙后，吉昂对粒子物理学和宇宙学越来越感兴趣。1946 年年初，一封由吉昂寄出的信从雷根古什迪蒙萨拉什邮寄到普林顿大学爱因斯坦的办公室。信中，吉昂提出了一个基本力理论，这正是当时爱因斯坦绞尽脑汁想要解决的问题。爱因斯坦在回信中以演算的方法指出了该理论遇到的技术瓶颈，吉昂又对此做出了答复。这几封信件至今仍完好地保存在耶路撒冷希伯来大学的爱因斯坦档案馆。1960 年，吉昂在里斯本大学科学院任教。在 60 年代，他还出任了古本江科学研究所科学计算中心主任。作为中心主任，吉昂于 1963 年在里斯本组织了一次宇宙学学术交流会议，德国物理学家帕斯夸尔·约尔旦（Pascual Jordan）和英国数学家赫尔曼·邦迪（Hermann Bondi）都受邀参加了这次会议。吉昂还是一个音乐和诗歌爱好者。1969 年，吉昂于里斯本逝世。

除了气象学论著，吉昂还发表了 150 多篇文章，这些文章几乎都是独著，且大部分刊登在世界顶级期刊上，如《物理评论》、《法国科学院院刊》（由路易·德·布罗伊创办）、《物理学刊》等。吉昂还是第一个在世界著名科学杂志《自然》上发表文章的葡萄牙人（发表于 1926 年，当时吉昂年仅 20 岁，文章主要就积状云体的位置进行了讨论）。在葡萄牙，吉昂曾于《葡萄牙物理学》（*Portugaliae Physica*）（于 1943 年创办）上发表了两篇文章（一篇关于气象学，另一篇关于相对论量子理论），在《葡萄牙数学》和《技术》（里斯本高等理工学院的学生杂志）上也分别发表了文章数篇。

马里奥·科里诺·德·安德拉德（Mário Corino de Andrade）（1906—2005）

出生于葡萄牙阿连特茹的莫拉（Moura），医生和研究员，葡萄牙神经病学的领军人物，主要致力于研究一种当时被称为"小脚病"的疾病，即今天所说的家族性淀粉样多发性神经病变，又称"安德拉德病"或"科里诺·安德拉德病"。

1929 年，安德拉德在里斯本毕业于医学专业，此前曾是埃加斯·莫尼兹的学生。后来，他在斯特拉斯堡师从巴雷（Barré），并留在了柏林。1939 年，安德拉德进入圣安东尼奥医院工作，在那里开设了神经科。20 世纪 50 年代，安德拉德开创性地调查研究了马查多·约瑟夫病（doença de Machado Joseph）的流行病学和遗传学病理。当时，一些葡萄牙北部渔民患上了所谓的"小脚病"，安德拉德在临床神经病理学及相应的遗传学基础上展开研究，最终成了最早发现并对这种神经退化型疾病特征进行系统论述的科学家。

安德拉德曾经遭到国家安全警备总署逮捕。他一生获得过多个奖项，其中包括东方科学基金会大奖（Grande Prémio Fundação Oriente de Ciência）和葛兰素史克基金（Fundação Glaxo Wellcome）颁发的优秀生涯成就奖。1975 年，他与努诺·格兰德（Nuno Grande）一起创立了波尔图大学的阿贝尔·萨拉查生物医学研究所，担任第一任所长。2005 年，安德拉德在波尔图寿终正寝。

安德拉德最杰出的文章是《一种特殊的外周神经病变：影响周围神经的非典型家族性淀粉样多发性病变》（*A Peculiar Form of Peripheral Neuropathy. Familial Atypical Generalized Amyloidosis with Special Involvement of the Peripheral Nerves*），发表于《大脑》（*Brain*）第 75 期（1952），第 408–427 页。

安东尼奥·阿尼塞托·蒙泰罗（António Aniceto Monteiro）（1907—1980）

出生于安哥拉，曾试图在葡萄牙数学界发起改革，但后来被迫流亡南美洲，并在那里取得了巨大的国际影响力。

蒙泰罗在父亲（一名步兵中尉）于 1915 年去世后回到了葡萄牙。1930 年，蒙泰罗从里斯本大学数学院毕业。1936 年，他在弗雷歇（Fréchet）的指导下获得巴黎大学的博士学位。蒙泰罗回到葡萄牙后，主导了一系列措施以促进葡萄牙的数学发展。1936 年，他在里斯本成立了数理化研究中心。

1937 年，蒙泰罗与雨果·里贝罗（Hugo Ribeiro）、若泽·达·席尔瓦·保罗和曼努埃尔·扎鲁尔·努涅斯（Manuel Zaluar Nunes）一同创办了期刊《葡萄牙数学》，又与本托·德·热苏斯·卡拉萨、雨果·里贝罗、若泽·达·席尔瓦·保罗和曼努埃尔·扎鲁尔·努涅斯一起创办了《数学报》，并在 1940 年成立了葡萄牙数学协会，出任第一任秘书长。然而，由于蒙泰罗拒绝签署一份宣布效忠萨拉查、反对"颠覆性思想"的声明文件，他在葡萄牙的事业被迫中断。后来，蒙泰罗因得到爱因斯坦、冯·诺伊曼和贝克的赏识，被邀请到里约热内卢联邦大学工作。

1945 年，蒙泰罗抵达里约热内卢，但由于迟迟没能获得巴西的移民签证，他无法长久停留里约，因而辗转前往阿根廷。1949—1957 年，蒙泰罗在库约国立大学担任教授。1957 年，他应邀在阿根廷南方国立大学创建了数学研究所，并在那里工作到 1975 年。1974 年葡萄牙里斯本爆发"康乃馨革命"后，蒙泰罗回到葡萄牙，在国家科学研究所做了两年的研究员，最后又再次回到阿根廷，于 1980 年在当地去世。蒙泰罗在 1978 年曾获得古本江科学技术奖，一生共撰写有 50 篇研究论文，发表在各个国家的学术期刊上。

若泽·平托·佩绍托（José Pinto Peixoto）
（1922—1996）

生于葡萄牙阿尔梅达的米乌泽拉（Miuzela），是葡萄牙享负盛名的地球物理学家和气象学家之一，对全球大气环流、特别是大气中的水循环问题进行了开创性系统研究。

1944 年，佩绍托毕业于里斯本大学科学院数学专业，1945 年进入路易斯王子地球物理研究所实习，1946 年就职于新成立的国家气象局。

1946—1952 年，佩绍托又修习了物理学和气象学课程。1952 年，他读完了地球物理学课程，并被录用为里斯本大学科学院助教。佩绍托继续在国家气象局任职，除了致力于气象学人才培训，他还创立了相关研究部门。1954年，佩绍托获得了科学院的资助，在美国麻省理工学院开展研究工作。在那里，他加入了最早对全球大气环流开展研究的斯塔尔小组（grupo de Starr），小组成员还包括奥尔特（Oort）和洛伦茨（Lorenz）（混沌理论的提出者之一）等世界著名的科学家。1956 年，佩绍托回到葡萄牙后，仍与麻省理工学院以及其他北美研究中心保持着紧密合作。他的博士论文题为《大气环流的能量学研究新成果》（*Contribuição para o Estudo da Energética da Circulação Geral da Atmosfera*）。他在麻省理工学院就已经基本完成了这篇论文，但直到 1958 年才在里斯本进行论文答辩。当时正值国际地球物理年（1957—1958），一个连续的全球气候观测系统已开始形成，并由此产生了大量的地球物理数据。佩绍托研究了全球范围内的水循环，绘制了最早的大气环流水汽输送图。在 20 世纪 60—70 年代，他协助开发了现代天气预报中使用的环流模型。1969—1973 年，佩绍托担任里斯本大学副校长，又于 1970 年兼任地球物理研究所（Instituto Geofísico）所长。在他的鼎力支持下，葡萄牙内贝拉大学（Universidade da Beira Interior）和新里斯本大学成立。1980—1996 年，他担任里斯本科学院下设的自然科学分院（classe de Ciências）院长。1996 年，佩绍托不幸于里斯本的一场外科手术中意外去世。为纪念佩绍托，他的家乡米乌泽拉设立了若泽·平托·佩绍托教授文化之家，专为学生发放奖学金。

1980 年，佩绍托与奥尔特合作撰写了《气候物理学》（*The Physics of Climate*）（1992），由美国物理学会出版，书中汇总了他的研究成果。他还发表了有关气候和环境问题的 50 多篇科学论文、多部著作和科普类文章，其中部分科普类文章发表在了《美国科学》（*Scientific America*）和《研究》（*Recherche*）上。

在葡工作的其他科学家或别国科学家
（按出生时间顺序排列）

（1）门多·迪亚斯（Mendo Dias）（12世纪），医生。

（2）若泽·维齐尼奥（José Vizinho）（14世纪），天文学家。

（3）若昂·德·利斯博阿（João de Lisboa）（15世纪至约1525），制图师。

（4）洛波·奥门（Lopo Homem）（15—16世纪），制图师。

（5）恩里克·德·奎利亚尔（Enrique de Cuellar）（约15—16世纪），西班牙医生。

（6）亚伯拉罕·扎库托（Abraão Zacuto）（约1450—1510），天文学家。

（7）佩德罗·赖内尔（Pedro Reinel）（约1462—1542），制图师。

（8）费尔南多·阿尔瓦罗·塞科（Fernando Álvaro Seco）（16世纪），地理学家。

（9）托马斯·罗德里格斯·维加（Tomás Rodrigues Veiga）（1513—1579），医生。

（10）克里斯托旺·达·科斯塔（Cristóvão da Costa）（1515—1594），植物学家。

（11）佩德罗·达·丰塞卡（Pedro da Fonseca）（1528—1599），哲学家。

（12）罗德里戈·德·卡斯特罗（Rodrigo de Castro）（1550—1627），医生。

（13）克里斯托弗勒斯·格林伯格（Christophorus Grienberger）（1561—

1636），奥地利神父和天文学家。

（14）乔瓦尼·伦博（Giovanni Lembo）（1570—1618），意大利神父和天文学家。

（15）亚伯拉罕·扎库托·卢西塔诺（Abraão Zacuto Lusitano）（1575—1642），医生。

（16）若昂·布拉沃·沙米索（João Bravo Chamisso）（16 世纪至 1624 年），医生。

（17）安塞尔莫·卡埃塔诺·德·阿布雷乌（Anselmo Caetano de Abreu）（16—17 世纪），化学家。

（18）若昂·库尔沃·塞梅多（João Curvo Semedo）（1635—1719），化学家。

（19）徐日升（Tomás Pereira）（1645—1708），神父和数学家。

（20）圣卡埃塔诺·德·安东尼奥（D. Caetano de St.º António）（约 1660—1739），神父、化学家和药剂师。

（21）曼努埃尔·德·阿泽维多·福尔特斯（Manuel de Azevedo Fortes）（1660—1749），工程师。

（22）若昂·维吉耶（João Vigier）（1662—1723），法葡双国籍化学家。

（23）弗朗西斯科·达·丰塞卡·恩里克斯（Francisco da Fonseca Henriques）（1665—1731），医生。

（24）约瑟夫·罗德里格斯·阿布雷乌（Joseph Rodrigues Abreu）（1682—约1747），化学家。

（25）巴尔托洛梅乌·洛伦索·德·古斯芒（Bartolomeu Lourenço de Gusmão）（1685—1724），神父和发明家。

（26）若昂·洛雷罗（João Loureiro）（1710—1791），神父和植物学家。

（27）伊纳西奥·蒙泰罗（Inácio Monteiro）（1724—1812），神父、物理学家和数学家。

（28）威廉·威灵（William Withering）（1741—1799），英国植物学家。

（29）迪奥戈·德·卡尔瓦略－桑帕约（Diogo de Carvalho e Sampayo）（1750—1807），外交官和业余科学家。

（30）曼努埃尔·多·埃斯皮里托·圣林波（Manuel do Espírito Santo Limpo）

（1755—1809），军官和数学家。

（31）托梅·罗德里格斯·索布拉尔（Tomé Rodrigues Sobral）（1759—1829），化学家。

（32）卡尔洛斯·若泽·皮涅罗（Carlos José Pinheiro）（约17世纪至1844年），医生。

（33）菲利佩·福尔克（Filipe Folque）（1800—1874），天文学家和大地测量学家。

（34）吉列尔梅·迪亚斯·佩加多（Guilherme Dias Pegado）（1803—1885），物理学家和气象学家。

（35）若泽·维托里诺·达马西奥（José Vitorino Damásio）（1807—1875），工程师。

（36）弗朗西斯科·佩雷拉·达·科斯塔（Francisco Pereira da Costa）（1809—1889），地质学家。

（37）安东尼奥·贝尔纳尔迪诺·德·阿尔梅达（António Bernardino de Almeida）（1813—1888），医生。

（38）雅辛托·安东尼奥·德·索萨（Jacinto António de Sousa）（1818—1880），物理学家。

（39）若泽·巴尔博萨·多·博卡热（José Barbosa do Bocage）（1823—1907），动物学家。

（40）若阿金·弗拉德索·德·奥利维拉（Joaquim Fradesso de Oliveira）（1825—1875），物理学家和气象学家。

（41）卡尔洛斯·梅·菲盖拉（Carlos May Figueira）（1829—1913），医生。

（42）弗朗西斯科·安东尼奥·阿尔维斯（Francisco António Alves）（1832—1873），医生。

（43）马克西米利亚诺·奥古斯特·赫尔曼（Maximiliano August Herrmann）（1832—1913），工程师和发明家。

（44）安东尼奥·多斯·桑托斯·维耶加斯（António dos Santos Viegas）（1835—1914），物理学家。

（45）塞萨尔·坎波斯·罗德里格斯（César Campos Rodrigues）（1836—

1919），海军上将和天文学家。

（46）罗贝尔托·杜阿尔特·席尔瓦（Roberto Duarte Silva）（1837—1889），佛得角化学家，曾在法国工作。

（47）克里斯蒂亚诺·奥古斯托·布拉芒（Cristiano Augusto Bramão）（1840—1881），发明家。

（48）伯纳德·托伦斯（Bernard Tollens）（1841—1918），德国化学家。

（49）阿德里亚诺·皮纳·维达尔（Adriano Pina Vidal）（1841—1919），物理学家。

（50）若阿金·多斯·桑托斯－席尔瓦（Joaquim dos Santos e Silva）（1842—1906），化学家。

（51）若泽·贝当古·罗德里格斯（José Bettencourt Rodrigues）（1843—1893），化学家、地理学家和政治家。

（52）若泽·德·索萨·马尔丁斯（José de Sousa Martins）（1843—1897），医生。

（53）若泽·库里·卡布拉尔（José Curry Cabral）（1844—1920），医生。

（54）阿德里亚诺·派瓦（Adriano Paiva）（1847—1907），物理学家和发明家。

（55）安东尼奥·普拉西多·达·科斯塔（António Plácido da Costa）（1848—1915），医生。

（56）莱昂·保罗·乔法特（Léon Paul Choffat）（1849—1919），瑞士地质学家。

（57）贝尔纳尔迪诺·马查多（Bernardino Machado）（1851—1944），人类学家和政治家。

（58）弗朗西斯科·德·阿鲁达·富尔塔多（Francisco de Arruda Furtado）（1854—1887），博物学家。

（59）安东尼奥·桑托斯·卢卡斯（António Santos Lucas）（1855—1939），数学家和政治家。

（60）阿尔弗雷多·本萨乌德（Alfredo Bensaúde）（1856—1941），矿物学家。

（61）茹利奥·德·马托斯（Júlio de Matos）（1856—1922），医生。

（62）若昂·德·阿尔梅达·利马（João de Almeida Lima）（1859—1930），物理学家。

（63）埃杜阿尔多·奥古斯托·纽帕斯（Eduardo Augusto Neuparth）（1859—1925），海军中将和水文学家。

（64）马西米亚诺·德·莱莫斯（Maximiano de Lemos）（1860—1923），（医学）历史学家。

（65）恩里克·泰谢拉·巴斯托斯（Henrique Teixeira Bastos）（1861—1943），物理学家。

（66）奥古斯托·诺布雷（Augusto Nobre）（1865—1946），动物学家。

（67）阿尔图尔·卡尔多索·佩雷拉（Artur Cardoso Pereira）（1865—1940），医生。

（68）贡萨洛·桑帕约（Gonçalo Sampaio）（1865—1937），植物学家。

（69）查尔斯·勒皮埃尔（Charles Lepierre）（1867—1945），法国化学家。

（70）阿尼巴尔·贝当古（Aníbal Bettencourt）（1868—1930），医生。

（71）卡尔洛斯·加戈·科蒂尼奥（Carlos Gago Coutinho）（1869—1959），海军上将、地理学家和航空导航员。

（72）安东尼奥·佩雷拉·达·丰塞卡（António Pereira da Fonseca）（1873—1903），物理学家和政治家。

（73）阿尔瓦罗·达·席尔瓦·巴斯托（Álvaro da Silva Basto）（1873—1924），物理学家。

（74）马蒂亚斯·费雷拉·德·米拉（Matias Ferreira de Mira）（1875—1953），医生。

（75）若泽·索布拉尔·西德（José Sobral Cid）（1877—1941），医生。

（76）埃利西奥·德·莫拉（Elysio de Moura）（1877—1977），医生。

（77）安东尼奥·德·卡尔瓦略·布兰当（António de Carvalho Brandão）（1878—1937），海军指挥官和气象学家。

（78）弗朗西斯科·任蒂尔（Francisco Gentil）（1878—1964），医生。

（79）雷纳尔多·多斯·桑托斯（Reynaldo dos Santos）（1880—1970），医生。

（80）埃加斯·平托·巴斯托（Egas Pinto Basto）（1881—1937），物理学家。

（81）奥古斯托·塞莱斯蒂诺·达·科斯塔（Augusto Celestino da Costa）（1884—1956），医生。

（82）弗朗西斯科·普利多·瓦伦特（Francisco Pulido Valente）（1884—1963），医生。

（83）费尔南多·比赛阿·巴雷托（Fernando Bissaia Barreto）（1886—1974），医生。

（84）玛蒂尔德·本萨乌德（Matilde Bensaúde）（1890—1969），遗传学家。

（85）圭多·贝克（Guido Beck）（1903—1988），奥地利物理学家。

（86）佩德罗·德·阿尔梅达·利马（Pedro de Almeida Lima）（1903—1982），医生。

（87）库尔特·雅各布森（Kurt Jakobson）（1904—1991），德国化学家。

（88）恩里克·巴拉奥纳·费尔南德斯（Henrique Barahona Fernandes）（1907—1992），医生。

（89）若昂·西德·多斯·桑托斯（João Cid dos Santos）（1907—1978），医生。

（90）阿尔梅林多·莱萨（Almerindo Lessa）（1909—1995），医生。

（91）若昂·米勒·格拉（João Miller Guerra）（1912—1993），医生。

（92）雅伊梅·塞莱斯蒂诺·达·科斯塔（Jaime Celestino da Costa）（1915—2010），医生。

本书中的别国科学家列表
（按出生时间排序）

（1）欧几里得（Euclides）（约公元前 3 世纪），希腊数学家。

（2）亚里士多德（Aristóteles）（公元前 384—前 322），希腊哲学家和物理学家。

（3）佩达努思·迪奥斯科里德斯（Pedânio Dioscórides）（约 40—90），希腊医生和植物学家。

（4）约翰尼斯·德·萨克罗博斯科（Johannes de Sacrobosco）（约 1195—1256），英国数学家和天文学家。

（5）圣艾尔伯图斯·麦格努斯（S. Alberto Magno）（约 1200—1280），德国神学家。

（6）罗吉尔·培根（Roger Bacon）（1210—1292），英国科学家。

（7）圣托马斯·阿奎那（S. Tomás de Aquino）（1224—1274），意大利神学家。

（8）尼古拉·哥白尼（Nicolau Copérnico）（1473—1543），波兰天文学家。

（9）阿洛伊修斯·里利乌斯（Luigi Lilio ou Giglio ou Aloysius Lilius）（约 1510—1576），意大利医生、哲学家和天文学家。

（10）安德雷亚斯·维萨里（Andreas Vesálio）（1514—1564），比利时医生。

（11）卡罗卢斯·克卢修斯（Charles de l'Écluse）（1526—1609），比利时植物学家。

（12）约翰·迪伊（John Dee）（1527—1609），英国数学家和占星家。

（13）亚伯拉罕·奥特柳斯（Abraham Ortelius）（1527—1598），比利时地图绘制师和地理学家。

（14）威廉·吉尔伯特（William Gilbert）（1544—1603），英国医生和物理学家。

（15）第谷·布拉赫（Tycho Brahe）（1546—1601），丹麦天文学家。

（16）伽利略·伽利莱（Galileu Galilei）（1564—1642），意大利物理学家和天文学家。

（17）约翰内斯·开普勒（Johannes Kepler）（1571—1630），德国天文学家。

（18）威廉·哈维（William Harvey）（1578—1657），英国医生。

（19）皮埃尔·维尼尔（Pierre Vernier）（1580—1637），法国数学家和发明家。

（20）勒内·笛卡尔（René Descartes）（1596—1650），法国数学家和哲学家。

（21）南怀仁（Ferdinand Verbiest）（1623—1688），比利时神父和天文学家。

（22）艾萨克·牛顿（Isaac Newton）（1642—1727），英国物理学家。

（23）格奥尔格·恩斯特·斯塔尔（George Ernest Stahl）（1659—1734），德国化学家和医生。

（24）赫尔曼·布尔哈夫（Herman Boerhaave）（1668—1738），荷兰医生。

（25）约翰·哈里森（John Harrison）（1693—1776），英国表匠。

（26）约翰内斯·德·卢内斯赫洛斯（Johannes de Lunesschlos）（约17世纪至1699年），德国数学家。

（27）本杰明·富兰克林（Benjamin Franklin）（1706—1790），美国物理学家。

（28）卡尔·林奈（Carl Lineu）（1707—1778），瑞典博物学家。

（29）布冯伯爵乔治－路易·勒克莱尔（Georges-Louis Leclerc, conde de Buffon）（1707—1788），法国博物学家。

（30）威廉·杜古德（William Dugood）（1715—1767），英国艺术家。

（31）乔治－路易斯·勒萨吉（George Louis Le Sage）（1724—1803），瑞士物理学家。

（32）约瑟夫·布拉克（Joseph Black）（1728—1799），英国物理学家。

（33）约瑟夫·普利斯特里（Joseph Priestley）（1733—1804），英国化学家。

（34）约瑟夫·路易·拉格朗日（Joseph-Louis Lagrange）（1736—1813），法

国数学家。

（35）詹姆斯·瓦特（James Watt）（1736—1819），英国物理学家。

（36）卡尔·威廉·舍勒（Carl Wilhelm Scheele）（1742—1786），瑞典药剂师和化学家。

（37）约瑟夫·班克斯（Joseph Banks）（1743—1820），英国博物学家。

（38）安托万－洛朗·拉瓦锡（Antoine-Laurent Lavoisier）（1743—1794），法国化学家。

（39）让·巴蒂斯特·德·拉马克（Jean Baptiste de Lamarck）（1744—1829），法国博物学家。

（40）安托万－洛朗·德·朱西厄（Antoine-Laurent de Jussieu）（1748—1826），法国博物学家。

（41）皮埃尔·西蒙·拉普拉斯（Pierre Simon Laplace）（1749—1827），法国数学家、天文学家和物理学家。

（42）约翰·沃尔夫冈·冯·歌德（Johann Wolfgang von Goethe）（1749—1832），德国作家和科学家。

（43）约翰·约瑟夫·赫尔根（Johann Joseph Herrgen）（1765—1816），德国地质学家。

（44）乔治·居维叶（Georges Cuvier）（1769—1832），法国博物学家。

（45）亚历山大·冯·洪堡（Alexander von Humboldt）（1769—1859），德国博物学家。

（46）汉斯·克里斯蒂安·奥斯特（Hans Christian Oersted）（1777—1851），丹麦物理学家。

（47）塞缪尔·莫尔斯（Samuel Morse）（1791—1872），美国画家和发明家。

（48）迈克尔·法拉第（Michael Faraday）（1791—1867），英国物理学家和化学家。

（49）尤斯图斯·冯·李比希（Justus von Liebig）（1803—1873），德国化学家。

（50）丹尼尔·夏普（Daniel Sharpe）（1806—1856），英国地质学家。

（51）安东尼奥·穆齐（Antonio Meucci）（1808—1889），意大利发明家。

（52）查尔斯·达尔文（Charles Darwin）（1809—1882），英国博物学家。

（53）罗伯特·威廉·本生（Robert Wilhelm Bunsen）（1811—1899），德国化学家。

（54）克劳德·伯纳德（Claude Bernard）（1813—1878），法国医生。

（55）阿道夫·武尔茨（Adolphe Wurtz）（1817—1884），法国化学家。

（56）奥古斯特·威廉·冯·霍夫曼（August Wilhelm von Hofmann）（1818—1892），德国化学家。

（57）阿尔弗雷德·拉塞尔·华莱士（Alfred Russel Wallace）（1823—1913），英国博物学家。

（58）威廉·汤姆森（William Thomson, lord Kelvin）（1824—1907），英国物理学家。

（59）詹姆斯·克拉克·麦克斯韦（James Clerk Maxwell）（1831—1879），英国物理学家。

（60）约翰·菲利普·雷斯（Johann Philipp Reis）（1834—1874），德国发明家。

（61）罗伯特·科赫（Heinrich Robert Koch）（1843—1919），德国医生。

（62）亚历山大·格拉汉姆·贝尔（Alexander Graham Bell）（1847—1922），美国发明家。

（63）圣地亚哥·拉蒙-卡哈尔（Santiago Ramon y Cajal）（1852—1934），西班牙美国双国籍医生。

（64）亨利·德斯兰德雷斯（Henri Deslandres）（1853—1948），法国天文学家。

（65）费多尔·克劳斯（Fedor Krause）（1857—1937），德国医生。

（66）阿尔贝·卡尔梅特（Albert Calmette）（1863—1933），法国医生。

（67）玛丽亚·斯克沃多夫斯卡，居里夫人（Maria Skłodowska, Madame Curie）（1867—1934），波兰法国双国籍物理学家和化学家。

（68）让·巴蒂斯特·佩兰（Jean Baptiste Perrin）（1870—1942），法国物理学家。

（69）埃米尔·德尔坎布尔（Émile Delcambre）（1871—1951），法国将军和气象学家。

（70）保罗·朗之万（Paul Langevin）（1872—1946），法国物理学家。

（71）卡米尔·格林（Camille Guerin）（1872—1961），法国医生。

（72）古列尔莫·马可尼（Guglielmo Marconi）（1874—1937），意大利物理学家和企业家。

（73）莫里斯·弗雷歇（Maurice Fréchet）（1878—1973），法国数学家。

（74）阿尔伯特·爱因斯坦（Albert Einstein）（1879—1955），瑞士美国双国籍物理学家。

（75）卡尔·约翰内斯·克尼普（Karl Johannes Kniep ou Hans Kniep）（1881—1930），德国植物学家。

（76）亚瑟·斯坦利·爱丁顿（Arthur Stanley Eddington）（1882—1944），英国天体物理学家。

（77）尼尔斯·玻尔（Niels Bohr）（1885—1962），丹麦物理学家。

（78）路易·维克多·雷蒙德（Louis-Victor Pierre Raymond），又名路易·德·布罗伊（Louis de Broglie）（1892—1987），第七代布罗伊公爵，法国物理学家。

（79）伊雷娜·约里奥－居里（Irène Joliot-Curie）（1897—1956），法国物理学家。

（80）雅各布·比耶克尼斯（Jakob Bjerknes）（1897—1975），挪威气象学家。

（81）特罗菲姆·邓尼索维奇·李森科（Trofim Denisovic Lysenko）（1898—1976），苏联生物学家和农业科学家。

（82）弗雷德里克·约里奥－居里（Frédéric Joliot-Curie）（1900—1958），法国物理学家。

（83）维尔纳·卡尔·海森堡（Werner Karl Heisenberg）（1901—1976），德国物理学家。

（84）恩斯特·帕斯夸尔·约尔旦（Ernst Pascual Jordan）（1902—1980），德国物理学家。

（85）约翰·冯·诺伊曼（John von Neumann）（1903—1957），匈牙利和美国双国籍数学家和物理学家。

（86）塞韦罗·奥乔亚（Severo Ochoa）（1905—1993），西班牙医生。

（87）罗伯特·赫尔曼（Robert Herman）（1914—1997），美国物理学家。

（88）爱德华·诺顿·洛伦茨（Edward Norton Lorenz）（1917—2008），美国

数学家和气象学家。

（89）赫尔曼·邦迪（Hermann Bondi）（1919— ），奥地利和英国双国籍数学家和宇宙学家。

（90）拉尔夫·阿尔菲（Ralph Alpher）（1921—2007），美国物理学家。

（91）约瑟琳·贝尔·伯奈尔（Jocelyn Bell Burner）（1943— ），北爱尔兰天体物理学家。

参考文献

　　本章列出的参考文献仅包括葡语书籍，不包括期刊文章；部分重要索引已在科学家简介中写明。

导　论

[1] Bernardo, Luís Miguel. *Cultura Científica em Portugal.* Porto: Editora da Universidade do Porto, 2009-2013.

[2] ——. *Histórias da Luz e das Cores.* 3 vol. Porto: Editora da Universidade do Porto, 2009-2013.

[3] Buescu, Jorge. *A Matemática em Portugal: uma questão de educação.* Lisboa: Fundação Francisco Manuel dos Santos, 2012.

[4] Carvalho, Rómulo de. *História do Ensino em Portugal, desde a Fundação da Nacionalidade até ao Fim do Regime de SalazarCaetano.* Lisboa: Fundação Calouste Gulbenkian, 2001.

[5] Colóquio sobre a História e Desenvolvimento da Ciência em Portugal, 1, até ao século xx. Lisboa, 1986. *Actas.* Lisboa: Academia das Ciências de Lisboa, 1986.

[6] Colóquio sobre a História e Desenvolvimento da Ciência em Portugal no Século xx, 2, Lisboa, 1989. *Actas.* Lisboa: Academia das Ciências de Lisboa, 1989.

［7］Costa, Leonor Freire; lains; miranda, Susana Muench. *História Económica de Portugal.* Lisboa: A Esfera dos Livros, 2012.

［8］Costa, Manuel Freitas e. *Personalidades e Grandes Vultos da Medicina Portuguesa através dos Séculos.* Lisboa: Lidel, 2010.

［9］Crato, Nuno, coord. *Ciência em Portugal: personagens e episódios.* Textos de Nuno Crato, Fernando Reis e Luís Tirapicos. [Em linha]. Disponível em http://cvc.instituto-camoes.pt/conhecer/bases-tematicas/ciencia-em--portugal.html [Consult. 10 Set. 2013]

［10］Dias, Maria Helena, coord. *Os Mapas em Portugal: da tradição aos novos rumos da cartografia.* Lisboa: Cosmos, 1995.

［11］Fiolhais, Carlos; marçal, David. *Darwin aos tiros e outras histórias de ciência.* Lisboa: Gradiva, 2011.

［12］——; Martins, Décio. *Breve História da Ciência em Portugal.* Coimbra: Imprensa da Universidade de Coimbra; Gradiva, 2010.

［13］——; Martins, Décio; simões, Carlota, coords. *História da Ciência Luso-Brasileira: Coimbra entre Portugal e o Brasil.* Coimbra: Imprensa da Universidade, 2013.

［14］——; Martins, Décio; simões, Carlota, coords. *História da Ciência na Universidade de Coimbra (17721933).* Coimbra: Imprensa da Universidade, 2013.

［15］Gonçalves, Maria Eduarda; freire, João, coords. *Biologia e Biólogos em Portugal.* Lisboa: A Esfera do Caos, 2009.

［16］Landes, David. *A Riqueza e a Pobreza das Nações: porque são algumas tão ricas e outras tão pobres.* Lisboa: Gradiva, 2001.

［17］Lemos, Maximiano de. *História da Medicina em Portugal: doutrinas e instituições.* Porto: [s.n.], 1899.

［18］Martins, Décio Ruivo; Fiolhais, Carlos. As ciências exactas e naturais em Coimbra. *In Luz e Matéria.* Coimbra: Museu da Ciência da Universidade, 2006. P. 70-115.

［19］Maxwell, Kenneth. *Marquês de Pombal: paradoxo do iluminismo.* Lisboa: Presença, 1996.

［20］Pita, João Rui. *História da Farmácia.* Coimbra: Minerva, 2007.

［21］Rasteiro, Alfredo. *O Ensino Médico em Coimbra 11312000.* Coimbra: Quarteto, 1999.

[22] Teixeira, Francisco Gomes. *História das Matemáticas em Portugal*. Lisboa: Academia das Ciências de Lisboa, 1934. (Há reedição fac-similada).

第 1 章　从中世纪大学到地理大发现

[1] AlBuquerque, Luís. *Ciência e Experiência nos Descobrimentos Portugueses*. Lisboa: Instituto de Cultura e Língua Portuguesa, 1983.

[2] ——. *A Náutica e a Ciência em Portugal: notas sobre as navegações*. Lisboa: Gradiva, 1989.

[3] ——. *As Navegações e a sua Projecção na Ciência e na Cultura*. Lisboa: Gradiva, 1987.

[4] Campos, Luís Trabucho de; leitão, Henrique; queiró, João Filipe, eds. *International Conference: Petri Nonii Salaciensis Opera*, Lisbon-Coimbra, 24-25 May 2002. *Proceedings*. Lisboa: Departamento de Matemática, Faculdade de Ciências da Universidade de Lisboa, 2003.

[5] Cardoso, Arnaldo Pinto Cardoso; smith, A. Mark. *O Tratado dos Olhos de Pedro Hispano*. Lisboa: Alêtheia; Fundação Champalimaud, 2008.

[6] Ciência e os descobrimentos (A). Lisboa: Junta Nacional de Investigação Científica e Tecnológica, 1996.

[7] Coelho, António Borges. *O ViceRei Dom João de Castro*. Lisboa: Caminho, 2003.

[8] Ficalho (Conde de). *Garcia de Orta e o seu Tempo*. Lisboa: Imprensa Nacional--Casa da Moeda, 1983.

[9] Gouveia, A. J. Andrade. *Garcia d'Orta e Amato Lusitano na Ciência do seu Tempo*. Lisboa: Instituto de Cultura e Língua Portuguesa, 1985.

[10] Leitão, Henrique. *360° Ciência Descoberta*. Lisboa: Fundação Calouste Gulbenkian, 2013.

[11] ——. *Os Descobrimentos Portugueses e a Ciência Europeia*. Lisboa: Alêtheia; Fundação Champallimaud, 2009.

[12] ——, Comissário científico. *O Livro Científico Antigo dos Séculos* xv e xvi: *Ciências FísicoMatemáticas na Biblioteca Nacional*. Lisboa: Biblioteca Nacional de Portugal

2004. Catálogo da exposição de livros científicos dos séculos xv e xvi.

［13］——, Comissário científico. *Pedro Nunes, 1502-1578: novas terras, novos mares e o que mays he: novo ceo e novas estrellas.* Lisboa: Biblioteca Nacional de Portugal, 2002. Catálogo da exposição bibliográfica sobre Pedro Nunes.

［14］Meirinhos, José Francisco. *Bibliotheca manuscripta Petri Hispani: os manuscritos das obras atribuidas a Pedro Hispano.* Lisboa: Fundação Calouste Gulbenkian, 2011.

［15］Mota, Bernardo Machado. *O Estatuto da Matemática em Portugal nos Séculos xvi e xvii.* Lisboa: Fundação Gulbenkian, 2011.

［16］Pereira, Maria Teresa Lopes. *Pedro Nunes: em busca das suas origens.* Lisboa: Colibri, 2009.

［17］Sousa, Germano de. *História da Medicina Portuguesa Durante a Expansão.* Lisboa: Temas e Debates, 2013.

［18］Tomé, J. Paiva Boléo, coord. *Pedro Hispano Portucalense: Papa João XXI.* Porto: Acção Médica, 2007.

［19］Ventura, Manuel de Sousa. *Vida e Obra de Pedro Nunes.* Lisboa: Instituto de Cultura e Língua Portuguesa, 1985.

第2章　对伽利略学说的接受：科学革命与基督教全球化

［1］Dias, José Sebastião da Silva. *Portugal e a Cultura Europeia (Séculos xvi a xvii).* Porto: Campo das Letras, 2006.

［2］Leitão, Henrique. *A Ciência na Aula da Esfera do Colégio de Santo Antão, 1590-1759.* Lisboa: Comissariado Geral das Comemorações do V Centenário do Nascimento de S. Francisco Xavier, 2007.

［3］——. *Estrelas de Papel. Livros de Astronomia dos séculos xiv a xviii.* Lisboa: Biblioteca Nacional de Portugal, 2009.

［4］——, comissário científico. *Sphaera Mundi: a ciência na "Aula da Esfera". Manuscritos científicos do Colégio de Santo Antão nas colecções da BNP.* Lisboa: Biblioteca Nacional de Portugal, 2008. Catálogo da exposição.

［5］——; Franco, José Eduardo, orgs. *Jesuítas, Ciência e Cultura no Portugal Moderno:*

obra selecta do Pᵉ. João Pereira Gomes SJ. Lisboa: A Esfera do Caos, 2012.

［6］ RodriGues, Francisco. *Jesuítas Portugueses Astrónomos na China, 1583-1805.* [S.l.: s.n.], 1925.

第 3 章　启蒙运动:"侨居者"、圣讲会与彭巴尔改革

［1］ Andrade, António Júlio de; Guimarães, Maria Fernanda. *Jacob de Castro Sarmento.* Lisboa: Vega, 2010.

［2］ Antunes, Miguel Teles. *Alexandre Rodrigues Ferreira e a sua Obra no Contexto Português e Universal.* Lisboa: Alêtheia; Fundação Champallimaud, 2007.

［3］ Araújo, Ana Cristina. *A Cultura das Luzes em Portugal: temas e problemas.* Lisboa: Livros Horizonte, 2003.

［4］ Bernardo, Luís Manuel. *O Projecto Cultural de Manuel de Azevedo Fortes: um caso de recepção do cartesianismo na Ilustração Portuguesa.* Lisboa: Imprensa Nacional-Casa da Moeda, 2005.

［5］ Branco, Cristina Castel. *Félix de Avelar Brotero: uma história natural.* Lisboa: Livros Horizonte, 2007.

［6］ Calafate, Pedro. *Ideia de Natureza no Século xviii em Portugal.* Lisboa: Imprensa Nacional-Casa da Moeda, 2005.

［7］ Carvalho, Rómulo de. *Actividades Científicas em Portugal no Século xviii.* Évora: Universidade de Évora, 1996. Publicação fac-similada de comunicações à Academia das Ciências de Lisboa, 1986-1993.

［8］ ——. *A astronomia em Portugal no século xviii.* Lisboa: Instituto de Cultura e Língua Portuguesa, 1985.

［9］ ——. *Colectânea de Estudos Históricos (19531994).* Évora: Universidade de Évora, 1998.

［10］ ——. *A Física Experimental em Portugal no Século xviii.* Lisboa: Instituto de Cultura e Língua Portuguesa, 1982.

［11］ ——. *História do Gabinete de Física da Universidade de Coimbra desde a sua Fundação (1772) até ao Jubileu do Professor Italiano Giovanni Antonio Dalla Bella*

(1790). Coimbra: Biblioteca Geral da Universidade de Coimbra, 1978.

［12］ ——. *A História Natural em Portugal no Século* xviii. Lisboa: Instituto de Cultura e Língua Portuguesa, 1987.

［13］ Costa, A. M. Amorim. *Ciência e Mito.* Coimbra: Imprensa da Universidade de Coimbra, 2010.

［14］ ——. *Primórdios da Ciência Química em Portugal.* Lisboa: Instituto de Cultura e Língua Portuguesa, 1984.

［15］ Ferreira, Martim Portugal. *200 Anos de Mineralogia e Arte de Minas: desde a Faculdade de Filosofia (1772) até à Faculdade de Ciências e Tecnologia (1972).* Coimbra: Faculdade de Ciências e Tecnologia, Universidade de Coimbra, 1998.

［16］ Fiolhais, Carlos. *Membros Portugueses da Royal Society/Portuguese Fellows of the Royal Society.* Coimbra: Universidade de Coimbra, 2011.

［17］ DominGues, Francisco Contente. *Ilustração e Catolicismo: Teodoro de Almeida.* Lisboa: Colibri, 1994.

［18］ Machado, Fernando Augusto. *Educação e Cidadania na Ilustração Portuguesa.* Porto: Campo das Letras, 2001.

［19］ Malaquias, Isabel Maria. *A obra de João Jacinto de Magalhães no Contexto da Ciência do Século* xviii. Universidade de Aveiro, 1994. Tese de Doutoramento.

［20］ Martins, Décio. *Aspectos da Cultura Científica Portuguesa até 1772.* Universidade de Coimbra, 1997. Tese de Doutoramento.

［21］ ——. As Ciências Físico-Matemáticas em Portugal e a Reforma Pombalina. *In* araújo, Ana Cristina, coord. *O Marquês de Pombal e a Universidade.* Coimbra: Imprensa da Universidade. 2000. P. 193-262.

［22］ Mendes, António Rosa. *Ribeiro Sanches e o Marquês de Pombal: intelectuais e poder no Absolutismo esclarecido.* Cascais, 1998. Dissertação de Mestrado.

［23］ Monteiro, Nuno Gonçalves; costa, Fernando Dores. *D. João Carlos de Bragança, 2.° Duque de Lafões.* Lisboa: Inapa, 2006.

［24］ Pita, João Rui. *Farmácia, Medicina e Saúde Pública em Portugal (1772-1836).* Coimbra: Minerva, 1996.

[25] Ralha, M. Elfrida [*et al.*], orgs. *José Anastácio da Cunha: o tempo, as ideias, a obra e os inéditos.* Braga: Arquivo Distrital de Braga; Centro de Matemática da Universidade do Minho; Centro de Matemática da Universidade do Porto, 2006.

[26] RiBeiro, Aquilino. *Anastácio da Cunha, o Lente Penitenciado: vida e obra.* Lisboa: Bertrand, 1938.

[27] Simões, Ana; dioGo, Maria Paula; carneiro, Ana. *Cidadão do Mundo: uma biografia científica do Abade Correia da Serra.* Porto: Porto Editora, 2006.

第 4 章　自由主义、理工学校与外科医学校

[1] Almeida, António Ramalho de. *O Porto e a Tuberculose: história de 100 anos de luta.* Lisboa: Fronteira do Caos, 2007.

[2] Araújo, Paulo. *Miguel Bombarda: Médico e Político.* Casal de Cambra: Caleidoscópio, 2007.

[3] Assis, José Luís. *Ciência e Técnica na Revista Militar (18491910).* Casal de Cambra: Caleidoscópio: 2005.

[4] Souto, Maria Helena. *Portugal nas Exposições Universais, 18411900.* Lisboa: Colibri, 2011. Dissertação de Mestrado.

[5] Garnel. Maria Rita. *Corpo, Estado, Medicina e Sociedade no Tempo da I República.* Lisboa: Imprensa Nacional-Casa da Moeda, 2010.

[6] Pereira, Ana Leonor; pita, João Rui, coords. *Miguel Bombarda (18511910) e Singularidades de uma Época.* Coimbra: Imprensa da Universidade de Coimbra, 2006.

第 5 章　对达尔文主义的接受与生命科学

[1] Almaça, Carlos. *Bosquejo Histórico da Zoologia em Portugal.* Lisboa: Universidade de Lisboa, Departamento de Zoologia e Antropologia, Museu Bocage do Museu Nacional de História Natural, 1993. Também em linha. Disponível em https://sites. google.com/site/carlosalmacamb/all [Consult. 10 Set. 2013.]

[2] ——. *O Darwinismo na Universidade Portuguesa (18651890).* Lisboa: Universidade de Lisboa, Departamento de Zoologia e Antropologia, Museu Bocage do Museu

Nacional de História Natural, 1999. Também em linha. Disponível em https://sites. google.com/site/carlosalmacamb/all [Consult. 10 Set. 2013.]

［3］CatroGa, Fernando. *O Republicanismo em Portugal: da formação ao 5 de Outubro de 1910*. Lisboa: Editorial Notícias, 2001.

［4］Pereira. Ana Leonor. *Darwin em Portugal: filosofia, história, engenharia social (1865-1914)*. Coimbra: Almedina, 2001. Tese de doutoramento.

第6章 地球和空间科学与对爱因斯坦学说的接受

［1］Branco, Rui Miguel. *O Mapa de Portugal: estado, território e poder no Portugal de oitocentos*. Lisboa: Livros Horizonte, 2003.

［2］Fiolhais, Carlos, coord. *Einstein entre nós: a recepção de Einstein em Portugal de 1905 a 1955*. Coimbra: Imprensa da Universidade de Coimbra, 2005.

［3］Leonardo, António José F. *O Instituto de Coimbra e a Evolução da Física e da Química em Portugal de 1852 a 1952*. Coimbra: Universidade de Coimbra, 2011. Tese de Doutoramento.

第7章 医学与埃加斯·莫尼兹:"新国家"政权与科学

［1］Antunes, João Lobo. *Egas Moniz: uma biografia*. Lisboa: Gradiva, 2010. correia, Manuel, coord. *Egas Moniz e o Prémio Nobel: enigmas, paradoxos e segredos*. Coimbra: Imprensa da Universidade de Coimbra, 2006.

［2］Cunha, Norberto Ferreira da. *Obras de Abel Salazar: antologia*. Porto: Lello Editores, 1999.

［3］Fernandes, Henrique Barahona. *Egas Moniz, Pioneiro dos Descobrimentos Médicos*. Lisboa: Instituto de Cultura e Língua Portuguesa, 1983.

［4］Fitas, Augusto José; marcial, E. Rodrigues; nunes, Maria de Fátima. *Filosofia e História da Ciência em Portugal no Século xx*. Lisboa: Caleidoscópio, 2008.

［5］—— [et al.], eds. *Colóquio Junta de Educação Nacional. A Actividade da Junta de Educação Nacional*, 1, Évora, 2011. Universidade de Évora, org. *Actas*. Casal de Cambra: Caleidoscópio, 2012.

〔6〕 Macedo, Manuel Machado. *História da Medicina Portuguesa no* Século xx. Lisboa: CTT, 1999.

〔7〕 Pereira, Ana Leonor; pita, João Rui; rodriGues, Rosa Maria. *Retrato de Egas Moniz*. Lisboa: Círculo de Leitores, 1999.

〔8〕 ——; Pita, João Rui, coords. *Egas Moniz em Livre Exame*. Coimbra: Minerva Coimbra, 2000.

〔9〕 Resende, Jorge; monteiro, Luís; amaral, Elsa, coords. *António Aniceto Monteiro: uma fotobiografia a várias vozes*. Lisboa: Sociedade Portuguesa de Matemática, 2007.

〔10〕 Trincão, Paulo Renato; riBeiro, Nuno Gomes, coord. *Mário Augusto da Silva: uma fotobiografia*. Coimbra: Instituto História da Ciência e Tecnologia, Museu Nacional da Ciência e da Técnica, 2001.

第 8 章　欧盟

〔1〕 fiolhais, Carlos. *A Ciência em Portugal*. Lisboa: Fundação Francisco Manuel dos Santos, 2011.

图片版权声明

图 1

© Paulo Mendes

图 2

Costa, João Paulo Oliveira e. *D. Manuel I.* 8.a ed. [Lisboa] : Círculo de Leitores, imp. 2011. Hors-texte, p. 224-225.

图 3

Leitão, Henrique. *360° Ciência Descoberta.* Lisboa: Fundação Calouste Gulbenkian, 2013, p. 107.

图 4

Leitão, Henrique. *360° Ciência Descoberta.* Lisboa: Fundação Calouste Gulbenkian, 2013.

ZaCuto, Abraão. *Almanach perpetuum... nuper eme[n] datu[m] omniu[m] celi motuum cum additionib[us] in eo factis tenens complementum.* Venetijs: Petrus Liechtenstein, 1502. Cota BGUC: R-25-2.

图 5

NuNes, Pedro. *Petri Nonii Salaciensis De arte atque ratione navigandi libri duo. Eiusdem in theoricas planetarum Georgij Purbachiij annotationes...*
Eiusdem De erratis Orontij Finoei liber unus. Eiusdem De crepusculis lib. I cum libello Allacen De causis crepusculorum. Conimbricae: in aedibus Antonij à Marijs, 1573. Cota BGUC: RB-29-9.

图 6

Gaspar, Joaquim Alves. *Dicionário de Ciências Cartográficas*. Lisboa: Lidel, 2004, p. 194.

图 7

Brahe, Tycho. [*Tycho Brahe Astronomiae instauratae mechanica*]. [Noribergae: apud Levinum Hulsium, 1602]. Cota BGUC: 4 A-34-12-8.

KepLer, Johannes. *Tabulae Rudolphinae, quibus astronomicae scientiae, temporum longinquitate collapsae restauratio continetur...* Ulmae; [Sagan]: typis, numericis propriis, caeteris & praelo Jonae Saurii; [typis Saganensibus], 1627-[1629]. Cota BGUC. 3-15-4-3.

图 8

LuNesChLos, Johannes de. Thesaurus mathematicum reservatus per algebram novam. In Leitão, Henrique. Pedro Nunes e *o libro de algebra. Quaderns d'història de l'enginyeria.* Barcelona. N.o 11 (2010), p. 9-18.

图 9

AveLar, André de. *Chronographia ou reportorio dos tempos o mais copioso*
que te agora sayo a luz conforme a noua reformação do sancto Papa Gregorio XIII. Lisboa : em casa de Simão Lopez, 1594. Cota BGUC: R-1-18.

图 10

[táBuas dos roteiros]. [Mn]. [15--]. 1 álbum (63 f.) : todo il. BGUC Cofre 33.

图 11

Biblioteca Nacional de Portugal.

图 12

LusitaNo, Amato... *Curationum medicinalium centuriae septem, varia multiplicique rerum cognitione refert[a]e & in hac ultima editione recognitae & valde correct[a]e... Accesserunt duo novi indices, unus curationum medicinalium secundum morbos partes corpori humani infestantes, alter rerum memorabilium copiosissimus & diligentissimus.* [Amato Lusitani]. Burdigalae: ex typographia Gilberti Vernoy, 1620. Cota BGUC: 2-18-7-65 .

图 13

Zuquete, Afonso Eduardo Martins, dir., coord. e comp. *Nobreza de Portugal:*

bibliografia, biografia, cronologia, filatelia, genealogia, heráldica, história, nobliarquia, numismática. Colab. Casimiro, Acácio [*et al.*]. Lisboa: Editorial Enciclopedia, 1960-1961.

.Vol. 1, p. 360. Cota BGUC: 5-60-18.

238 | CARLOS FIOLHAIS

图 14

OrteLius, Abraham. *Theatrum Orbis Terrarum.* [Material cartográfico]. [Antuerpiae: auctoris aere & cura impressum absolutumque apud Aegid. Coppenium Diesth, 1570]. Cota BGUC J.F.-68-4-8.

图 15

VasCoNCeLos, António de. Escritos vários relativos à Universidade Dionisiana. Coimbra: Coimbra Editora, 1938. Vol. 1, hors-texte, p. 190-191.

图 16

CoNimBriCeNses. Commentarii Collegii Conimbricensis e Societate Iesu. *In universam Dialecticam Aristotelis Stagiritae.* Conimbricae: ex officina Didaci Gomez Loureyro, 1606. Cota BGUC: BJ 2-8-13-12.

图 17

Borri, Cristoforo; BraNCo, Gregório de Castelo, eds. lit. *Collecta astronomica, ex doctrina P. Christophori Borri, Mediolanensis, ex Societate Iesu. De tribus caelis, Aereo, Sydereo, Empyreo. Iussu, et studio...*
D. Gregorii de Castelbranco... Ulysipone: apud Matthiam Rodrigues, 1631. Cota BGUC: 4-21-24.

图 18

HaLde, Jean-Baptiste du. *Description geographique, historique, chronologique, politique, et physique de l'empire de la Chine et de la Tartarie chinoise.* Paris: P. G. Le Mercier, 1735. Cota BGUC: BJ 1-23-6-208.

图 19

Coimbra: Azulejos que Ensinam. Coimbra: Centro de Matemática da Universidade, 2007. Catálogo da Exposição "Azulejos que Ensinam".

图 20

© Paulo Mendes.

图 21

FioLhais, Carlos; GoNçaLves, Iuliana Filimon Barros; amaraL, A. E. Maia do, eds. lit. *Membros portugueses da Royal Society = Portuguese fellows of the Royal Society.* Coimbra: Universidade de Coimbra, 2011, p. 8 e 9.

图 22

FioLhais, Carlos; GoNçaLves, Iuliana Filimon Barros; amaraL, A. E. Maia do, eds. lit. *Membros portugueses da Royal Society = Portuguese fellows of the Royal Society.* Coimbra: Universidade de Coimbra, 2011, p. 76.

图 23 e 24

Biblioteca Geral da Universidade de Coimbra.

图 25

ReaL, Manuel H. Corte. *Necessidades Palace.* Lisboa: Chaves Ferreira, [D.L. 2001], p. 8.

图 26

ALmeida, Teodoro de. *Recreação filosofica ou Dialogo sobre a Filosofia Natural para instrucção de pessoas curiosas...* 10 vols.

Lisboa: Miguel Rodrigues – Régia Oficina Typographica, 1753-1800. Cota BGUC: S.P.-G-1-25/32.

图 27

ALmeida, Teodoro de. *Cartas físico-mathematicas de Theodozio a Eugenio: para servir de complemento à Recreação Philosofica.* Lisboa: na offic. de Antonio Rodrigues Galhardo, 1784. Cota BGUC: T. 2, 1784-
tab. 5; RB-15-19.

图 28

Historia completa das inquisições de Italia, Hespanha, e Portugal: ornada com oito estampas analogas aos principaes objectos que nella se tratão.

2.a ed. Lisboa: na nova Typographia Maigrense, 1821. Hors-texte, p. 208-209. Cota BGUC: 9-(11)- 27-2-15.

图 29

PlutarCHo Portuguez. Porto. Vol. 1, fasc. 7 (1881). Cota BGUC: 9-(3)-3-23 A.

图 30

Arquivo Pitoresco. T. 8 (1865), p. 305. 9-(3)-2-2

图 31

© Paulo Mendes.

图 32

SeaBra, Vicente Coelho de. *Elementos de chimica*. Ed. fac-sim. Coimbra: Depto. de Química, Fac.

Ciências e Tecn. Univ. Coimbra, 1985. Tabela desd.

图 34

ACademia das Ciências de Lisboa: fundada em 1779. Lisboa: Academia das Ciências, 1999, p. 14 e 16.

图 35

Cortesia Jardim Botânico da Universidade de Coimbra.

图 36

Sampaio, Diogo de Carvalho e. Tratado das cores que consta de três partes [...]. Malta: na Officina Typographica de S.A.E., impressor Fr. João Mallia, 1787, [p. l-VII]. Cota BGUC: 2-10-23-19.

图 37

CuNha, Pedro José da. *A Escola Politécnica de Lisboa: breve notícia histórica*. Lisboa:

Faculdade de Ciências de Lisboa, 1937. Vol. 1, [hors-texte, p. 16-17]. Cota BGUC: 9-(11)-22-4-11.

图 38

Basto, Artur de Magalhães. *Memória histórica da Academia Politécnica do Porto: precedida da Memória sobre a Academia Real de Marinha e*

Comércio pelo Conselheiro Adriano de Abreu Cardoso Machado. Porto: Universidade do Porto, 1987. [Hors texte, p. 444-445].

图 39

CuNha, Pedro José da. *A Escola Politécnica de Lisboa: breve notícia histórica*. Lisboa: Faculdade de Ciências de Lisboa, 1937. Vol. 1, [hors-texte, p. 48-49]. Cota BGUC: 9-(11)-22-4-11.

图 40

Retirada de http://en.wikipedia.org/wiki/ Gago_Coutinho#mediaviewer/File:Gago_ Coutinho_e_ Sacadura_Cabral.jpg

图 41

http://manuel-bernardinomachado.blogspot. pt/2010_03_01_archive.html

图 42

MartiNs, Robert Pereira. A Rainha Dona Leonor e o Hospital das Caldas da Rainha. *In Acta Reumatológica Portuguesa*. Lisboa: Casa Portuguesa. A. 8, n.o 3 (1983). Separata, p. 167-168. Arquivo de Fotografias de Lisboa.

图 43

O CerCo: [epidemia da peste bubónica no Porto, em 1899]. Porto: Centro Português de Fotografia, [1999]. 1 pasta (16 postais): p&b; 17 3 12 cm.

图 44

HeNriques, Júlio Augusto. *As especies são mudaveis?* Coimbra: Imprensa da Universidade, 1865. Cota BGUC: 5-56-19-7.

图 45

DeLGado, Nery; ChoFFat, Paul, eds. *Carta Geológica de Portugal, 1899, escala 1: 500 000*. Direcção dos Trabalhos Geológicos.

图 47

BraNdão, Carvalho. Os modernos métodos de previsão do tempo em Portugal. Lisboa: [s.n.], [1925?], p. 29.

图 48

FuNdação Luso-Americana para o Desenvolvimento. *O Grande Terramoto de Lisboa*. Apresent. Rui Machete. Lisboa: FLAD; Público, 2005, p. 18-19.

图 49

Ilustração Portuguesa. Lisboa. N.o 167 (3 Maio 1909), p. 456-457. Cota BGUC: 10-1-20.

图 50

CuNha, Pedro José da. *A Escola Politécnica de Lisboa: breve notícia histórica*. Lisboa: Faculdade de Ciências de Lisboa, 1937. Vol. 1, [hors-texte, p. 32-33]. Cota BGUC: 9-(11)-22-4-11.

图 51

Madeira, José António. Relatório apresentado à Junta de Educação Nacional. *Revista da Faculdade de Ciências*. Coimbra. T. 3, n.o 4 (1933), p. 409.

图 52

DysoN, F. W.; eddiNGtoN, A. S.; davidsoN, C.. A Determination of the Deflection of Light by the Sun's Gravitational Field, from

Observations Made at the Total Eclipse of May 29, 1919. *Philosophical Transactions of the Royal Society of London.* S. A (1920), p. 332. Containing Papers of a Mathematical or Physical Character. Disponível em http:// pt.wikipedia.org/ wiki/Ficheiro:1919_eclipse_positive. jpg [Consult. 15 Nov. 2013].

图 53

Núcleo de Arquivo do IST – Instituto Superior Técnico.

图 54

PortuGaL. Direcção Geral de Arquivos. Arquivo Nacional da Torre do Tombo. Documento 0934M. Cod. de ref.a PT/TT/EPJS/SF/001-001/0053/0934M. (21 Mar. 1938). Disponível em http://digitarq.dgarq.gov.pt/viewer?id=1011877 [Consult. 15 Nov. 2013].

图 55

Portugaliae Mathematica. A. 1, n.o 1 (1937). Lisboa: Gazeta de Matemática, 193. Cota BGUC: A-56-33.

图 56

Museu de Ciência da Universidade de Coimbra.

图 57

Sequeira, Paulo; aLmeida, Álvaro de; ramaLho, Vasco Magalhães. *Egas Moniz and the Portuguese School of Angiography.* [S.l: s.n., D.L. 2009, p. 14].

图 58

OLiveira, Jaime Manuel da Costa. *O Reactor Nuclear Português: fonte de conhecimento.* Santarém: O Mirante, 2005, p. 107.

图 59

Pordata – Fundação Francisco Manuel dos Santos. BGUC = Biblioteca Geral da Universidade de Coimbra

译者后记

"葡萄牙的科学在大部分时期，都宛若死水一潭。"本书作者卡尔洛斯·菲奥利艾斯在导论中写下的这句话充满了自嘲与无奈。的确，即便是我这样一个终日与葡语打交道的葡语人，对葡萄牙科学也知之甚少。若只着眼于结果，用这样一句话为葡萄牙科学史写下注脚也无可厚非。然而事实却是，几百年来这潭死水中也曾起过或大或小的波澜，也曾与全球科学发展的浪潮相互激荡，甚至在某时某刻成为其滥觞。因此，应当且值得探究的是，本该在这个遥远西方小国里涓滴成河的半亩科学方塘缘何难以焕发生机，在一点半点漪轮之外，大部分时间都了无生机。相信中国读者在读到葡萄牙因种种原因一次又一次放逐卓越的科学人才，一次又一次错失重要的历史发展机遇时，同样会不由自主地为葡萄牙科学的命运扼腕叹息，以他国之史为镜，反躬自省。

需要指出的是，作者对本书的定位是一部科普类读物而非学术性著作。书中通过讲述一个个鲜活有趣而又鲜为人知的科学家生平故事，巧妙串联出了葡萄牙科学的发展脉络。尽管作者有时不够严谨，甚至偶有纰漏，但穿插于史实叙述中的主观评论、对史料典籍和文学作品恰到好处的援引，还有大量的珍贵图像资料，均极大丰富了本书的阅读体验。因此，本书不仅可以为中文资料较少的葡萄牙科学史研究提供参考依据，更能以深入浅出的方式，从科学发展这一新视角为中国读者展现葡萄牙的历史图景——毕竟葡萄牙科学的兴衰成败正是整个国家命运的缩影。

此外，书中专有名词（如人名、地名、书刊名、机构名、专业术语等）众多，为了方便感兴趣的读者和研究人员进一步查阅，在每一章正文第一次出现的中文译名之后均附有相应外文原文。但由于附录中专有名词密集，为免文本太过冗长，以致影响阅读，部分在正文中曾出现或不甚重要的专有名词译文的外文原文有所省略。

最后，本书翻译工作能够顺利完成，离不开我三位学生的鼎力相助，他们是：四川外国语大学葡萄牙语专业 2019 级的连子墨、谭双杰、曾琴同学，他们在整合校对专有名词时的严谨求实态度和乐于将译稿精益求精的钻研求知精神令我十分欣慰。作为本书最早的读者，我的家人从对葡萄牙几乎一无所知的普通读者视角出发，也对本书的翻译提出了许多有益建议。

最后，本书能够与广大读者见面，必须感谢中国科学技术出版社郭秋霞老师对我的信任与包容，以及她专业而细致的编辑工作。虽然尽力抱着科学的精神和求实的态度完成了翻译，错漏之处仍不可避免，责任无可旁贷，敬请批评指正。

游雨频

2023 年 1 月 10 日